升华
让生命超越平凡

青春励志系列

陈志宏 ◎ 编著

延边大学出版社

图书在版编目（CIP）数据

升华：让生命超越平凡 / 陈志宏编著 . — 延吉：延边大学出版社，2012.6（2021.10 重印）
（青春励志）
ISBN 978-7-5634-4868-5

Ⅰ.①升… Ⅱ.①陈… Ⅲ.①人生哲学－青年读物 Ⅳ.① B821-49

中国版本图书馆 CIP 数据核字 (2012) 第 115492 号

升华：让生命超越平凡

编　　著：	陈志宏
责任编辑：	林景浩
封面设计：	映像视觉
出版发行：	延边大学出版社
社　　址：	吉林省延吉市公园路 977 号　邮编：133002
电　　话：	0433-2732435　传真：0433-2732434
网　　址：	http://www.ydcbs.com
印　　刷：	三河市同力彩印有限公司
开　　本：	16K　165 毫米 ×230 毫米
印　　张：	12 印张
字　　数：	200 千字
版　　次：	2012 年 6 月第 1 版
印　　次：	2021 年 10 月第 3 次印刷
书　　号：	ISBN 978-7-5634-4868-5
定　　价：	38.00 元

版权所有　侵权必究　印装有误　随时调换

前 言

在这个世界上，不以人的意志为转移地存在着两种人：一种人安于平凡的生活，但却做着不平凡的努力；另一种人不安于平凡，却因为放弃了努力而过着碌碌无为的平庸生活。从平凡到平庸，其实是件很容易的事。只要心生懈怠、甘愿沉沦，就会滑向碌碌无为的平庸边缘。

反观自己，你属于哪一种人呢？

也许你的家庭背景是平凡的，也许你的个人资历是平凡的，也许你的人生际遇是平凡的……不过，这些都不要紧，因为它们都不是决定你生命方向的重要因素。只要你不甘于平庸，不甘于平凡的人生目标，不甘于平凡的生活方式，不甘于平凡的行为习惯，那么，你就一定能够通过自己的努力而实现人生的巨大超越，真正变得不同凡响，让生命得到升华。

《升华：让生命超越平凡》一书中精选了许多精彩的故事，其中的主人公可能是凡夫俗子，可能是成功名人，也可能是我们身边的某一个人……但他们都有一个共同的特点，那就是发生在他们身上的故事都在告诉我们：我们可以功不成、名不就，可以无过人之才，可以无惊世之举，但绝不可以不知为什么而生、不知为什么而活；绝不可以让人生没有目标、没有责任；更不可以每天浑浑噩噩、无所事事。即使再平凡，我们也要尽己所能地发挥自己的能力，在自己平凡的生命里留下灿烂的色彩。

目录

第一篇 接受心灵的洗礼

用心灵去感受幸福	2
谁也不能拥有世界	4
心灵的缺口	6
可怜	6
不要抱怨生活	7
相信自己是一只雄鹰	8
把你的心从杆上撑过去	8
农夫与神明	9
没有见面的面试	9
幸福是有选择性的	10
老师的忏悔	11
从美国回来的变化	13
比力气更重要的……	16
点燃心中的圣火	18
勇气伴随自信而生	21
曼森太太的改变	22
5元钱的合适价值	23

在痛苦的深处微笑	24
珍惜的价值	26
目标就在眼前	27
力争一流	28
当找牛时碰见鹿	29
从捡煤屑到香港首富	30
大难不死的诺贝尔	31
让罗斯福夫人不再说"不"	32
马厩里的文学家	33
最后一壶水	33
拥有大梦想	34
未来我是……	34
三英尺的差距	36

第二篇　让日子发亮

一道智能测试题	38
不能凭着感觉往前走	39
绝处逢生	40
跑龙套的周星驰	40
满身伤痕的船	42
什么时候收拾桌面	42
一天投资一点	43
大海与家	45
价值百万的简单创意	47
最后的手势	48
里茨和他的饭店	51
百分之一的希望	53

让梨	54
小提琴的力量	56
独腿人生	58
一颗图钉	61
石油大亨戒烟	63
跳过心中的沟	64
口吃的女孩	66

第三篇　用信念购买奇迹

奇迹的价格=1美元11美分	70
傻子活下来了	71
做一名观众	73
牧童捡到金子	73
生命不相信绝望	75
天使没有翅膀	76
不服输的精神	79
做一个真正的强者	80
困境即是赐予	81
11次失败2次成功	82
尽力而为，也要量力而行	84
每天写两页	84
在皮鞋上演奏	85
从苹果落地到万有引力定律	86
修建自己的码头	87
只做风的生意	88
别怕真正地面对生活	89
祖父与孙子的对话	90

白色的金盏花	91
有为有不为	91
当心已死	92
有百分之一的希望就不要放过	93
绝不失望	94
路人的话	95
有一种失去叫拥有	96
把聪明放在"褡裢"后面	97
你就是自己的神	98
老鹰的再生	99
不如唱首歌试试	99
手臂被机器切断之后	100
一个森林遇险的游人	101
落水者	102
断然拒绝	103
不做逆境的牺牲品	104
顽强意志赢得世人的崇敬	106
爱因斯坦的实验	107
两元钱的车	108
距离成功的一点点	109
用心画画	110
当人们失去希望	111
约翰的求职信	112
生命的空白	113
雕琢之苦	114
一块有了愿望的石头	115
只要布娃娃	117
127项宏伟志愿	118

第四篇　破茧成蝶

适合自己的鞋	120
承受困苦	121
试金石	123
成功就是打个洞	124
一毫米的价值	125
第一名被淘汰了	126
嘉琳的成功	128
成长的阶梯	129
发挥你的潜能	132
蚂蚁的生存环境	133
一个遭遇失败的年轻人	134
阿昆和流浪汉	136
一生中最大的幸事	137
一面墙改变一个人的命运	138
谁能造福人类	139
盘尼西林的发现	140
珠宝商的"幼稚"	141
聪明的汉斯卖土豆	142
敲门就进去	142
拿破仑一生最大的失败	143
炸药之父诺贝尔	144
成功者的黑夜	146
博迪与《潜水衣和蝴蝶》	147
第一个海星	148
被抛弃的心愿石	149

第五篇　体验生命的律动

她改变了世界	152
将差的砸烂	153
做一份创意广告	154
牛奶打翻之后	155
没有捕到的鱼	156
想象可以走多远	158
只有五条横街口的距离	159
人生最好的教育	160
魔袋	162
出色的业务员	164
报童	166
向生命鞠躬	167
斯蒂芬·金的成功秘诀	168
给人一盏灯	169
最大的幸福	172
请带着掌声上路	175
拒绝感动	176
攥紧拳松开手	177
美酒谁饮	178
让思维转一个弯	179
经验	180
无须解释	181
一系列的连锁目标	181

第一篇

接受心灵的洗礼

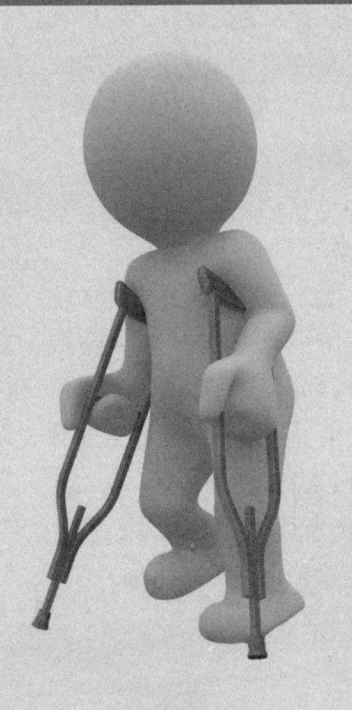

用心灵去感受幸福

那一年，青年德皮勒完成全部学业从州立大学毕业了，他做了一名文学老师。所以，从那时开始，我们应该叫他德皮勒老师。

其实德皮勒非常想去做一名优秀的长跑运动员。四年前他曾是那么单纯而痴迷的一个运动青年。但是，他的梦想却在生活中成为幻想。

拿捏着自己从最新的教学书籍上学来的方法，德皮勒在自己的学生们身上试验着。书是麦尔教授推荐的，应该不会错。麦尔教授是他大学选修心理学的主课教授，是一个有着短白胡子的小老头。

还是有点儿紧张，嗯，先平静一下，看了几眼墙上画的彩色人像和明丽风光，好了，开始了。

如果感到幸福你就拍拍手，德皮勒大声对所有人说。这种方法是要激发他们的想象力和敏感性，让他们学会表达。

孩子们纷纷举手，跟着德皮勒拍。他们的面孔，从僵硬乏味立刻变为鲜活生动。德皮勒更加激情高涨，他的视线如手提摄像机镜头一样摇晃着，从一个学生跳跃到另一个学生，最后，定格在一个男孩脸上——他是那样的面无表情！

德皮勒又重复了一次，男孩依旧没有表情！

你叫什么名字？德皮勒开始冒火。

男孩抿紧着嘴唇，一声不吭，表情甚至有些愤怒。德皮勒又问了一句，他还是不说话。不过德皮勒却很奇怪，按照一般的情况，应该能勾起大家的好奇。但是，所有的孩子都没有去关注这样一个事件。只有一个学生轻轻地说："老师，他叫詹姆斯。"德皮勒深吸了一口气，终于克制下来继续上课。除去过去了的25分钟，下面的20分钟，仿佛几个小时一样漫长。德皮勒的情绪彻底败坏了，慢腾腾地布置了作文题目——幸福。然后说，请课代表下午收了之后送到办公室。

下课之后那个詹姆斯被德皮勒叫到了办公室。他亲切地说："为什么不和大家一起拍手呢？下次不可以，知道吗？"

男孩在口袋里抄着手，沉默地点头。一直到他回到教室去了，他的右手始终放在口袋里没有拿出来过。

德皮勒老师心想：嘿，我遇到了一个脾气倔强的孩子。

詹姆斯又惹事了，他和另外一个男孩打架了。德皮勒老师好奇地赶过去的时候，两人的争执似乎已经结束。詹姆斯全身都是乱糟糟的，唯一不变的是，仍把手抄在口袋里，站着不动，满脸通红。

"你又怎么了，詹姆斯？"

詹姆斯毫不理睬，转身跑掉了。德皮勒老师只好无可奈何地离开了现场。

"詹姆斯的右手以前触过电，被切断啦！"有一个女生这么说，德皮勒老师的心猛然一缩。

晚上，德皮勒老师坐在房间里一本一本地看交上来的作文，把封皮上写着詹姆斯的本子，单独抽出来。

第二天，德皮勒老师仿佛什么都没发生过，平静地走上讲台，然后把前一天的作文本子发下去。直到最后的5分钟，他说，我们重复一下昨天的好不好？

好！

但是我们稍微修改一下，如果感到幸福，你就跺跺脚。来，老师先带头！

真的，德皮勒老师带头跺起脚来，非常地用力，左右两只脚一起动着，虽然看上去非常滑稽，因为他跺起脚来，像是罗圈腿。

他们都是聪明而细心的孩子。在1分钟后，教室里响起剧烈如暴风雨的跺脚声。其中，德皮勒老师听到最特别的一个声音，那是詹姆斯发出的。因为，詹姆斯那天跺脚的声音是最大的，并且眼睛里含着泪。

德皮勒老师在他的作文上打了教学以来第一个99分，后面还附上了一段话："为什么没有给你满分，是因为你为了身体的不幸福，而拒绝了让自己的心感到幸福。如果你仔细观察，你会留意到你的德皮勒老师其实是一个截去左脚的人，那背后，也有老师的不幸的故事。但是，他没有拒绝让心去感受不幸之外的幸福。所以，他不过是选择了做平凡的文学老师，却仍然认真的、快乐的生活。"

是的，德皮勒老师是幸福的，他曾经治愈了自己心里的伤痕，现在，又治愈了一个小小的心灵。

心灵感悟

　　如果不拍手，那么跺跺脚也是一样的，也是幸福的。身体的不幸，不应该成为我们拒绝幸福的理由，我们还能用心灵去感受幸福，对不对？

　　谁能够剥夺我们对幸福的灵敏感受呢？没有人，除了我们自己。缺手损脚确实让我们难过、很难面对，但在世界上，美好的东西仍然很多啊！比如人和人之间的关心。德皮勒老师为了让詹姆斯懂得这一点，用他有缺陷的脚证明，跺跺脚和拍手是一样幸福的。同学们一起跺脚，给了詹姆斯莫大的鼓励。在我们的身边，一定也有很多人关注我们。只是需要我们用心去感受而已。

　　你今天拍了手，或者跺了脚了吗？让我们一起拍拍手或者跺跺脚吧！让我们用心去感受幸福，让我们笑容满面！

谁也不能拥有世界

　　儿子要一只瓶子，我没给。他就大哭，任何人都哄不乖。半个小时后，他的哭声停了，第一句话还是："瓶子。"

　　我说："瓶子已经扔了。"他又哭了。母亲站在一边说："他才两岁，再哄哄他吧。"

　　于是，我给他讲了许多谎言，譬如瓶子像水一样蒸发了，被我吃下去了等等。

　　儿子说："瓶子，我要。"我所做的一切都白搭。

　　成熟与非成熟的界限据说是妥协，一个人什么时候知道有所放弃，他就长大了。

　　人之初，所有的欲望都像野地里的草一样没遮没挡地生长，因为不知天高地厚，他们希望把天上的月亮也摘下来玩。

　　一个暴君的欲望远远没有一个孩子那样强烈，每个孩子的欲望都会让任何暴君自惭形秽。

　　我们为什么要教育孩子？很大程度上就是不要让孩子贪得无厌，但又要保持他们必要的虚荣和欲望。

　　我带儿子到街上玩，街上很热，儿子让我拦过往的车回家，我告诉他这是别人的车，爸爸不能拦。儿子看到快餐店的门口有他爱吃的小笼包，他伸手要拿，我说："这是别人的，如果要，只能用钱来买。"

　　我的外甥七岁那年拿了别人水果摊上的一颗杨梅，他的姐姐回家告诉了我姐。我姐打了他一顿，外甥哭道："我只是拿了一颗呀，而且半颗已经烂了呀。"

　　我姐说："一颗也不行，除非你自己赚钱去买。"

　　现在，外甥对我说："我以后要赚很多钱，我想开一家水果店，想吃什么就吃什么。"

　　他仍然有自己的欲望，但是这个欲望已经有了前提，需要十年、二十年，甚至更长的时间去实现。

　　我们对孩子所做的，有时候就是想告诉孩子，这个世界并不是我们的，我们只拥有其中很小很小的一部分，而且还要付出足够大的代价才能拥有。

心灵感悟

　　天上的星星和月亮很美，我们都想拥有。在街上看到我们喜欢吃的食物或玩具时，我们也很希望拿在手里。可是，世界不是我们的，我们不可能什么都拥有，拥有要以付出为前提，付出才有资格拥有。

　　什么是足够的资格呢？比如说，要想吃商店里的蛋糕，就要有足够的钱。如果钱不够，就买不起了，只能等赚够了钱后才买。不能偷，因为这是属于别人的东西。

　　我们的欲望很大很大，看到什么，只要是自己喜欢的，都想得到。但我们要懂得，有些东西是我们只能去欣赏而不能够拥有的。天上的月亮很美，就算有钱，摘取也是不可能的。生活中，有些东西就像月亮一样不可能得到，其实也未必非得到不可。我们需要分清什么可以拥有，什么不可以拥有。对于那些经过努力能获得的，我们就要付出劳动和汗水，名正言顺、光明正大地拥有。

心灵的缺口

一个日本人在海上救起了一名溺水者,记者闻讯后便去采访这位舍己救人的英雄,不想英雄却对着镜头无奈地大摇其头。

记者让他讲出自己的真实想法。他说现在我想起来可真害怕呀!海水那么深,那么凉,那个人又那么重,有一刻我以为自己是必死无疑了。我多么不愿意就这么死了呀。所以,我想在这里告诉你们,我再也不愿意重复这样的人生体验了。从今以后,至少10年间,我绝不再下海营救溺水的人——就这样。

金井肇先生是这样评价这件事的:对生命的崇敬使这个人毅然去救助生命;对生命的崇敬又使这个人毅然决定不再去救助生命。这是两种真实。一个人的道德价值体系是不可能也不应该建成空中楼阁的。如果心灵有了缺口,那也不要怕,让卑微的、卑琐的甚至是卑劣的念头都展示出来吧,让它们成为靶子,让自己自觉铸造成的高尚的箭镞不偏不倚地去射中它!

心灵感悟

"美好"不一定压根儿就与"丑恶"绝缘。要知道,"美好"的种子常常会从"丑恶"的土壤中萌生胚芽。

可怜

诗人在藏北游历,她借宿在乡下仓姆决家。仓姆决家应该说生活得很苦,她生活的环境也非常闭塞。

在这样的环境中借宿,又能与女主人仓姆决交谈,诗人有了很多优越感。她相信仓姆决会非常羡慕自己。

可是诗人错了。在她们的交谈中,仓姆决拉着女诗人的手,连声说道:"宁吉!宁吉!(藏语:可怜的!可怜的!)"这位藏族妇女认为,一个到处奔波的女人是世上最苦的女人,是最可怜的女人。

诗人明白了。

心灵感悟

<u>这个世上没有可怜的人，因为，不可能有一个世界通用的可怜的标准。但这个世界上确实又有可怜的人，那就是自己认为自己可怜的人。</u>

不要抱怨生活

秋天的黄昏，比尔信步走向郊外。他发现秋天的足迹在乡村所烙下的景象远比城市美好。

在城市里，生活即使舒适，但有时仍感到贫乏；工作即使忙碌，但有时也觉得空虚；有快乐也有彷徨，有希望也有失望，总是难得如意。因此，寻访乡野便成为解决烦恼的一种途径。乡间，正是丰收的季节，田垅上堆着早已收割的稻子，农人提着镰刀正将归去，他们松松斗笠，用颈上的毛巾擦着汗，然后嬉笑地走向冒着炊烟的家。

几个黑黝黝的乡童，用竹竿打着树上的石榴，在溪水里清洗一下，便津津有味地吃起来。

比尔坐在溪边的一棵树底，皮鞋上沾满了泥巴。一个鬓发已白的老农走过来和他搭讪。老者的态度淳朴而友善，使人不必存有丝毫顾忌。听了他的谈话，比尔更加羡慕乡村生活了。

老农说："我们农夫感觉快乐，是因为我们能够适应田间的工作，而且喜欢它。"

比尔不禁自问：如果我到乡下长久生活，也能适应吗？我能忍受风吹日晒？能放弃城市里一些现代的享受？能吃得消使手磨出茧子的工作吗？

老农又说："我很乐观，我对生活从不曾抱怨过，我吃自己种的蔬菜和水果，觉得那是世上最好的食物。"

比尔似有所悟地点点头。

心灵感悟

乡下人进城感到好奇，城里人下乡觉得新鲜，这都是短暂的。如果你不能适应生活，不能调整心态，你永远都会有烦恼，不论在乡下或城里。

相信自己是一只雄鹰

一个人在高山之巅的鹰巢里，抓到了一只幼鹰，他把幼鹰带回家，养在鸡笼里。

这只幼鹰和鸡一起啄食、嬉闹和休息。它以为自己是一只鸡。

等这只鹰渐渐长大，羽翼丰满了，主人想把它训练成猎鹰，可是由于终日和鸡混在一起，它已经变得和鸡完全一样，根本没有飞翔的愿望了。

主人尝试了各种办法，都毫无效果，最后把它带到山顶上，一把将它扔了出去。这只鹰像块石头似的，直掉下去，慌乱之中它拼命地扑打翅膀，就这样，它终于飞了起来！

心灵感悟

不管我们身处何种绝境，都要抱着坚定的信念，你会感觉到身体里充满了力量。

把你的心从杆上撑过去

一位撑杆跳选手，一直苦于无法超越一个高度。他对教练失望地说："我实在是跳不过去。"

教练问："你心里在想什么？"

他说："我一冲到起跳线时，看到那个高度，就觉得我跳不过去。"

教练告诉他："你一定可以跳过去。把你的心从杆上撑过去，你的身子就一定会跟着过去。"

他撑起杆又跳一次，果然一跃而过。

心灵感悟

突破心灵障碍，才能超越自己。如果你的意念屈服了，那么你可能真的就不行了。

农夫与神明

有个农夫,他的小麦先是遭受蝗虫肆虐,接着又是洪水泛滥。虽然他家仍有足够的粮食,不致挨饿,但情形实在不能再这样继续下去了。于是,他就找到神明,祈求神明给他一个风调雨顺的丰收年。

"求神明给我足够的阳光与晴天;下的雨不要太多,刚好就好了;不要有病虫害;另外还要有令人感觉舒爽的和风。"

神明同意了农夫的请求,一切都依他所愿地实现了,农夫也看着他的农作物长得又高又漂亮,于是他跪下双膝,由衷地向神明表达他的感激之情,但就在这时候,远处传来他妻子的哭声。原来,他妻子拨开小麦的外壳时,才发现外壳里空无一物——因为小麦在毫无外力的干扰下长得太好了,反而结不了实。

于是,农夫又跪在地上,但他继续祷告的却是:"神明啊!求你明年赐给我足够的麻烦,好让我的小麦能长得扎实一些。"

心灵感悟

想要的东西太多,结果什么都得不到。

没有见面的面试

有个人到一家广告公司面试。当时他很自信,他专业成绩好,年年都拿奖学金。广告公司在这座大厦的18楼。这座大厦管理很严,两位精神抖擞的保安分立在门口两旁,他们之间的条形桌上有一块醒目的标牌:"来客请登记。"

他上前询问:"先生,请问1810房间怎么走?"保安抓起电话,过了一会儿说:"对不起,1810房间没人。""不可能吧,"他忙解释:"今天是他们面试的日子,您瞧,我这儿有面试通知。"那位保安又拨了几次:"对不起,先生，1810还是没人；我们不能让您上去，这是规定。"

眼见时间一秒一秒地过去，他心里虽然着急，也只有耐心地等待，同时祈祷该死的电话能够接通。已经超过约定时间10分钟了，保安又一次彬彬有礼地告诉他电话没通。他当时压根儿也没想过第一次面试就吃了这样的"闭门羹"。面试通知明确规定："迟到10分钟，取消面试资格。"他犹豫了半天，只得自认倒霉地回到了学校。晚上，他收到一封电子邮件："先生，您好！也许您还不知道，今天下午我们就在大厅里对您进行了面试，很遗憾您没通过。您应当注意到那位保安先生根本就没有拨号；大厅里还有别的公用电话，您完全可以自己询问一下；我们虽然规定迟到10分钟取消面试资格，但您为什么立即放弃却不再努力一下呢？……祝您下次成功！"

心灵感悟

有些失败真的不能怪别人，自己的路还得自己走。

幸福是有选择性的

我认识的一位妇女两周来一直吃着不涂黄油的烤面包片，而且冒着严寒在公园各处慢跑，然后她爬上浴室的磅秤，指针依然停留在锻炼前所指的数字上。她感到这跟她近来的所有遭遇一样给她以打击，她是命里注定永远不会幸福的。

她在穿衣服时，对着紧绷绷的牛仔裤紧皱眉头，这时却在裤兜里发现了20块钱。接着她姐姐打来电话说了件趣事。正当她急急忙忙向车子跑去，为还得加汽油而恼怒不已时，却发现室友已经替她加满了油箱。而这就是那位自认为永远不会幸福的女人。

我们似乎每天都被有关幸福的公众心理咨询所包围。有个残酷无情的论点是，有某种东西是我们为了争取幸福应该去做的——作出正确的抉择，或者说自己有套正确的信念。

由此联想到的观点是：幸福是一种永恒的状态。如果不是总感到幸福，我们就认定有问题。

然而多数人却体验不到永恒的幸福状态，而是某种更为平庸的东西，一种混合物。散文家休·普拉什曾称之为"不可解决的问题，模棱两可的胜利和含含糊糊的失败，难得有宁静安详的时刻"。

你也许不会说昨天是一个幸福的日子，因为你和老板发生了误会。但是难道就没有幸福的时刻、安详宁静的时刻？那么你想一想，有没有收到过老朋友的来信，或者有没有陌生人问你这么漂亮的发式在哪儿做的？你记得了一个不愉快的日子，但也不要忘记那美好的时刻也曾经降临过。

幸福就像一位和蔼可亲、带有异国情调的来串门的蒂莉姨妈，她在你最料想不到的时刻来临，阔绰地请你喝酒，酒过一巡后翩然离去，留下一丝桅子花的清香。你不可能命令她来临，只能在她出现时欣赏她。你也不可能强求幸福的到来，但当它降临时，你肯定能够感觉到。

当你带着满脑子的问题，走在回家的路上时，竭力留心太阳怎样把城市的窗户点着了"火"。倾听在渐暗的暮色里嬉戏的孩子们的喊叫声，你就会感到精神振奋，仅仅就因为你留心了。

幸福是一种态度，而不是一种状态。幸福是在擦拭百叶窗时聆听一曲咏叹调，或者是愉快地花一个小时整理壁橱。幸福是一家团聚，共进晚餐。它存在于现实，而不是未来时日的遥远期望，如果我们能钟情于正在经历的生活，就会感到更加幸运，并且会体验到更多的幸福。

幸福是一种选择。在它出现时，伸出手来抓住它，就像抓住一只在蔚蓝的天空里飘向大海的气球。

心灵感悟

<u>幸福是有选择性的，不要一味地认为欲望的满足就是幸福，那只会使你疲于奔命，无暇顾及已有的欢乐。"知足者常乐"，敞开心胸从身边汲取幸福，也许在你眼中是微不足道的，但那却是最值得你珍惜的。</u>

老师的忏悔

比尔·克利亚是美国犹他州的一个中学教师，有一次他给学生布置了一道作业，要求学生就自己的未来理想写一篇作文。

一个名叫蒙迪·罗伯特的孩子兴高采烈地写开了，用了整整半夜的时间，写了七大张纸，详尽地描述了自己的梦，梦想将来有一天拥有一个牧马场，他描述得很详尽，画下了一幅占地二百英亩的牧马场示意图，有马厩、跑道和种植园，还有房屋建筑和室内平面设计图。

第二天当他兴冲冲地将这份作业交给了克利亚老师。然而作业批回的时候，老师在第一页的右上角打了个大大的"F"(差)，并让蒙迪·罗伯特去找他。

下课后蒙迪去找老师："我为什么只得了F？"

克利亚打量了一下眼前的毛头小伙，认真地说："蒙迪，我承认你这份作业做得很认真，但是你的理想离现实太远，太不切实际了。要知道你父亲只是一个驯马师，连固定的家都没有，经常搬迁，根本没有什么资本，而要拥有一个牧马场，得要很多的钱，你能有那么多的钱吗？"克利亚老师最后说，如果蒙迪愿重新做这份作业，确定一个现实一些的目标，可以重新给他打分。

蒙迪拿回自己的作业，去问父亲。父亲摸摸儿子的头说："孩子，你自己拿主意吧，不过，你得慎重一些，这个决定对你来说很重要！"

蒙迪一直保存着那份作业，那份作业上的"F"依然很大很刺眼，正是这份作业鼓励着蒙迪，一步一个脚印不断超越创业的征程，多年后蒙迪·罗伯特终于如愿以偿地实现了自己的梦想。

当克利亚老师带着他的三十名学生踏进这个占地二百多英亩的牧马场，登上这座面积达四千平方米的建筑场时，流下了忏悔的泪水。"蒙迪，现在我才意识到，当时我做老师时，就像一个偷梦的小偷，偷走了很多孩子的梦，但是你的坚韧和勇敢，使你一直没有放弃自己的梦！"

有梦想才会有期望，有期望才会有拼搏和激情，守住自己的梦想，勇敢地走下去，你就会比别人提前到达成功的彼岸。

心灵感悟

<u>理想是人生的指南针，为你前行指引着方向。</u>任何人的理想都是心灵中的圣地，是值得守候终身的财富，只要你勇敢地穿越人生路上的层层阻碍，终究会到达成功的乐土。

从美国回来的变化

到美国待了三年，这是第一次回来，当然，我得请客。

去的时候我才初二，现在，我已经高二了，看看一别三年的同学，女的更富女性的曲线的靓丽；男的嘴唇上挂出毛茸茸的胡子，更为潇洒和帅气；我突然意识到自己肯定也大为变样了，只是没有想到：自己变得小气了。

先是选择到哪儿去请客。

按照在美国的"惯例"，中学生聚会，要么到"青年会"的自助餐厅去，要么到那些颇有情调的主题快餐吧去，或者去"麦当劳"……而记得我出去之前，大家都是挺喜欢去"麦当劳"的，于是我提议：去"麦当劳"吧。

可此言一出，竟无人响应，原先"班花"莉丽淡淡地冒出一句：那儿也是你美籍华人请客的地方吗？别哄孩子啦！

"狮子王"王一师马上跟了一句：别以为我们不知道，你们美国佬把"麦当劳"卖的东西叫垃圾食品。你就是再小气，也不能让朋友吃垃圾吧！

这句话把我的脸都说红了，我正要回声，小娜拦在头里帮我做了主：得了！少费话，大卫是和你们开玩笑的！他小气？你们也不想想，你们有谁比他大方过？！他都让我给"波特曼"打过电话了，就在法国餐厅开一桌！

小娜的话让我倒吸了一口凉气：乖乖，"波特曼"，五星级大酒店，其中的法国餐厅还是正规的晚宴厅，这一下，不花一万也得五千。可小娜向我投过来的目光切断了我的退路，那目光分明告诉我：要想不丢面子，你只能这样。

外号"博士李"的李贤对我眨了眨眼：大卫，你多亏有小娜帮着，不然，将来还想回上海来做生意吗？！以后当了老板，可别忘了聘她当小秘啊！她可是天天都在念叨你！

就这样，在大家的哄笑中，我请客的地点定下来了。小娜私下对我说：她看不得别人投向我的目光中有丝毫的贬意，如果我觉得花钱太多了，她可以帮我付，就算是她请我的客。

知道吗？莉丽过十八岁生日就在"波特曼"的自助餐厅开的Party，你不能输给了她！

我还能说什么呢？三年前，我和小娜受过老师的批评，说我们不该早恋。其实，我们并没有恋爱，至少没有像美国的中学生那样恋爱，但是，我们彼此间的好感是难以掩饰的，我相信，她是为我好，在帮我维持形象。

可我的形象到了"波特曼"的法国餐厅里，还是完蛋了。

当时，我按照西餐的惯例，请每个人点一份自己喜欢的汤、主菜、沙拉和甜点，可是大家好像都面露讥讽之色。又是莉丽首先发难，说我是请大家吃份儿饭。

狮子王干脆说要西餐中吃，点一桌子大家都尝尝。"博士李"则说，如果我的钱没带够，大家可以先"AA"制，回去再算账。小娜窘得脸发红，好像大家是冲着她来的，都快气哭了。

我连忙掏出信用卡来，往桌上一拍，让大家想怎么点就怎么点，只有一条，得吃干净了才能走，谁点的，谁不吃光，谁自己付钱。

大家看我这样，都不作声了。

莉丽说了一句："大卫，你过去可是很大方的，怎么成了美国人，有钱了，倒变得小气了呢？"

我愣了愣，心想，自己真的是小气了吗？！

第二天，开着小娜爸爸的轿车，让小娜陪我去买鞋的时候，我问小娜：是不是我真的变得比三年前小气了？

当然。小娜说，你小气多了。别说请大家吃顿饭搞得那么不愉快，就是这会儿买鞋也显得小家子气。

我知道，她这是指我已经跑了大半个上海，也没挑好一双鞋。

我是想比较一下质量和价格。我解释说，你看，这价钱差别挺大的，有的还是假名牌……

还记得你去美国之前，送我一套衣服吗？小娜问我，记不记得你和我一起在淮海路买它的过程？

这个过程，说实在的，我几乎完全忘记了，只记得，好像挺简单的。

是挺简单的。她说，你把我带到最豪华的那家商店，对我说，你去挑一套你喜欢的衣服，别管多少钱，我就买下来送给你。

我问你，如果你带的钱不够怎么办？

你说，我把护照押在这儿，马上回去取。

她的话，使我想起了三年前，是的，那时候的我的确如此。

你现在，可真像是换了一个人。

我点点头，沉默了一会儿，回答她说，不错，我是换了一个人，因为，我知道了挣钱的不易，也看到了那些有钱人是怎样花钱的。

我告诉小娜，我的零花钱每一分都是自己挣来的。

我每天用两小时去打工，有时候洗碟子、有时候擦汽车、有时候到超级市场去帮着运货、收钱……还骑着自行车送过"特快专递"……干得辛辛苦苦，汗流浃背，手上起泡之类是不用说了，有一次送特快专递还被汽车撞倒在地，如果不是戴着头盔，恐怕就魂归西天了。

这样干，每小时可以赚取十几块美金，作为零花钱不能称太少，可真的要花出去，你就会觉得钱的分量是很重的。

当然，更重要的是，我看到了爸妈是怎么挣钱的了。在国内的时候，光看到他们每天按时上、下班，每月工资不多，可也没见他们有多吃力、有多辛苦。但是到了美国，他们几乎变成了机器人了，早上7点起床，晚上12点上床，每人打两三份工，忙得头发都白了，满脸都是皱纹。

我虽然有了自己的房间、自己专用的卫生间、自己的轿车……可是，我掂得出它们的分量来，那一个个美分，是血、是汗，是对生活的追求和企盼……是绝不应该瞎花、浪费的！更何况，那些比我们有钱得多的人，他们的生活也很简朴。

我在一家餐馆端盘子的时候，曾有个四十来岁的中年人天天都来吃饭，每次要的都是一份汉堡包，一杯果汁，有时加一小包炸薯条。有一次我在报上看到了他的照片，那上面介绍说他是个亿万富翁。我太吃惊了，忍不住拿着报纸去问他，你有那么多钱为什么还要过这么小气的生活。他笑了，回答我说：生活的原则是满足需要，只有不在乎小气或者大方的人才能在生活中感受到幸福。

也许是我的话打动了小娜，在以后的买鞋行动中，她不但不再嫌我挑挑拣拣，而且还反过来帮我挑选，有两次我都觉得可以买了，可她却把我拉出店门，硬是要我再看几家。

终于，我找到了中意的鞋，比美国的同类产品要便宜二分之一呢！买下之后，我想给小娜也买一双，可她不肯要。

我说：别客气，我借你爸的车跑了一天，你也陪了我一天，光是租金和工资，就远远不止这点钱了。

她说：那好，你把租金和工资算出来给我，我自己去买鞋，我也要尝尝用自己的辛苦费去买东西的滋味。

不过，我肯定比你大方些！

过完假期，我要回美国了，大家纷纷要回请我，算是钱行。小娜做主，就定在"麦当劳"，而且说好，我的费用摊给大家，而大家的做"AA"制付账。

那天闹得很欢，与在"波特曼"法国餐厅的气氛完全不同。我想，这大概是小娜把我跟她说的话告诉了大家，大家原谅了我的小气行为吧！

无论如何，这次回来和老朋友在一起，我才发现了自己的变化，并且开始思考，自己的变化到底好不好？

心灵感悟

<u>学会生活，首先应该学会珍惜。人创造的财富与得到的补偿是成正比的，不能寅吃卯粮，这样会让我们的思想懈怠，疲惫不堪。珍惜自己的劳动所得，那是汗水的结晶，是我们获取生命价值的途径。</u>

比力气更重要的……

我是怀揣着两个干馒头，爬上一列运木材的火车到城里的。进城以后才知道，像我这样只有一身力气的人，想找个饭碗实在不容易。

那天，就在太阳西下，我又累又饿几乎要绝望时，一则写在小黑板上的告示让我的眼睛一亮。那告示写道："曹永宽，因你三天无故旷工，耽误了车站接货，故将你辞退，我们将另聘新人接替你的工作。"到车站接货不正适合我吗？于是我敲开了告示旁的房门。

"你会什么？"胖经理问。我一时不知怎样回答，竟做出一个健美运动员示范肌肉的动作。胖经理笑了笑，说："在外谋生，靠的不仅仅是力气，还有更重要的……这样吧，你到里间桌子上拿一张表格，回去填好后明天再来。"

里间桌子上放着一摞表格，表格旁还有一摞百元钞票——地上还散落了几张。我弯腰将掉到地上的钱拾起来，放到桌上的那一摞钱上，然后拿了一张表格往外走。这时，我看到胖经理正站在门口。

"你怎么不拿钱？"胖经理一本正经地问。"拿钱？"我很诧异，"我还没来干活，拿什么钱？"

胖经理拍拍我的肩膀说:"小伙子,今晚你就住到库房值班室来吧,就算正式上班了。"说着,他从桌上拿起一张钞票递给我:"这是给你预支的一部分工资,拿去先好好吃顿饭吧。"

这是一家通信器材销售公司,我的工作是往各个销售点送货,有厂家发货过来就到车站去接。这项工作简单得只需要诚实,好多次都是我一人拎着价值好几万的手机、寻呼机来去。

那个下午很热,我和会计到火车站去接货。由于这次货量少,又赶上公司运货车有事,经理便让我蹬一辆三轮车去。

十几个小箱子装满了三轮车。我刚要蹬车走,会计突然想起还有一张单据忘在了车站里,他吩咐我看住货物等他。

骄阳似火。我靠在车上,口干舌燥,就走到几步外的冷饮摊买了瓶汽水。待将汽水喝完,回头时,看到一个人正从我的车前急忙离开。蓦地,一种不祥的感觉袭上心头。

我连忙跑到车前,一眼就发现有个纸箱被撕开了,于是我朝那人厉声叫道:"你等等!"那人猛地站住,并缓慢地转过身来。我没猜错的话,他那破旧的灰色西服里果然塞了一包东西。

凭我的块头儿,我相信收拾他不成问题。然而,我若扑过去,他如果扭头就跑,我没法既追上他又看护车上的货物;他要是不跑,和我扭打起来,也必然会损坏他怀里的东西,那样的话,我也无法向老板交差。刹那间,我觉得我的命运竟掌握在他的手里。不论出现上述哪一种情况,他都可能会打碎我的饭碗。我提醒自己,千万不能硬来。

我在心中默默祈祷,向他慢慢走近,就像接近一头受伤的野兽。他站在那里一动不动,看上去没有要跑的意思。我敢肯定,他的神经绷得很紧,已经做好了和我一搏的准备。因此,当我从兜里掏出一根烟递给他时,他的眼神简直莫名其妙。

"抽烟!"我平静地说,他犹豫了一下,谨慎地接过烟,满腹狐疑。

"如今找个活儿可真不容易!"我说着,划火给他点上烟,"这是我的第一份工作。虽然挣不了几个钱,可我得靠它糊口。"

他默默地看着我。我隐隐约约地感到,他好像借着吐烟轻轻叹了一口气。

"既然为人家干活,就应该为人家负责,你说是吧?"我继续说。

他大口大口地吸着烟,把自己整个埋在烟雾里。良久,他抬起满是汗水的脸轻声说:"我累了,想到你的车上坐坐。"他走到车前,靠坐在三轮车后面的车厢上。不过很快，他就站了起来，走到我面前，拍了拍我的肩膀，然后快步向远处走去。

我看见在三轮车后挡板和纸箱的夹缝间被塞进了一个纸盒，纸盒上的红色图案是一部手机。

心灵感悟

有一首歌，叫《沉默是金》。从《比力气更重要的……》一文中，笔者看到了正直是"金"，是找工作的"金"，是打动小偷人心的"金"，是比金玉良言还珍贵的"金"。

人生之路漫长而又短暂，拥有强大的力气固然是找工作走好人生路的一个元素，但缺乏内心正直的道德观念作支撑，这股力气可能会往不正之处使劲，甚至导致人生大厦的倾斜或坍塌。所以，正直是"金"，是人生大厦的坚固基石，是人生大厦的笔直栋梁。

有些人常常要小聪明，钻小空子，使歪劲，贪小便宜，他们往往找得到工作，但我相信这样的工作不会是长久的。正如文中所说的主人公，他认为没有工作就不能要钱，随手可得的钱他都不要，有人可能说他是个傻子，但他是正直之人，得到了老板的信任，找到了工作，这是力气所不能为的。

主人公因为一时的大意，让人偷了东西，但他没有向小偷发难，而是以肺腑的平实之言打动了小偷的心，让小偷自觉地把东西放回原处，使得大家都很好地下了台阶。这并不是他工于心计，而是他正直，把自己的境况间接道出，打动了小偷的怜悯之心。若是他动用武力，被偷的东西可能要得回，但一车的货物的结果却难以预料。事情得到这样的结果，也是力气所不能为的。世上还有很多事情是力气所不能为的，至少，做到正直是不需要力气的。

点燃心中的圣火

一天，朋友告诉我一个小故事。

"有一个11岁的女孩，她的臂部长了东西，后来截了肢，但伤口被感染，病情恶化得更严重了，"朋友吸了口气，眼睛里闪着光彩，"医生说她暂时没什么事，但最多活不过两年。"

"孩子的母亲得知孩子没救时，悲痛欲绝，决心让孩子快乐地走完余下不多的路程。孩子不能动弹，吃饭喝水都得有人喂，大小便也得有人帮忙，做母亲的也能尽心尽责，但几年后，母亲有点儿不耐烦了。母亲是个基督徒，她便祷告要上帝带走孩子，开始时还避着孩子，悄悄地暗中祷告，后来就在孩子枕边进行了。孩子从知道祷告内容的那一天起，就再也不理她了，并且精神越来越委靡，吃得越来越少了，终于在一天夜里永远地闭上了眼睛。"

朋友眼眶里的泪花在打转，声音也有些发抖，"母亲的祷告也有客观原因，因为，第一，太专注于那个孩子，必然会忽略了其他孩子和丈夫；第二，经常目睹孩子病痛发作，她再也不能忍受看孩子被病痛折磨了，但是……"朋友叙述的声音陡然增高，"但孩子至少还可以活半年，这是我做医生的堂弟对我说的。孩子的早死，是因为母亲的祷告断绝了她生还的希望。"

这个故事让我想起了史铁生的"愉若琴弦"。

那是写的两个瞎子，一老一小，老的是师傅，小的是徒弟，他们成年在群山中流浪，靠给山民说书换得微薄的一日三餐。

老瞎子的柳琴底部藏有一张神奇的药方，是他的师傅亲手为他放进去的。那时他还年轻，忽然眼睛失明了，痛苦地想结束生命，这时遇上了师傅。师傅把藏药方的柳琴交给他说："去弹唱，等弹破一千根琴弦，用这一千根断弦做药引，按药方抓齐药，就可以把你的眼睛治好了。"

把眼睛治好，这成了老瞎子的人生信仰；弹断一千根琴弦，是老瞎子的人生目标。老瞎子走啊走，弹啊弹，肩头的断弦越来越多，额头的白发也越来越多，不知不觉中，自己也由健壮、英挺的少年变成驼背的老人了。但他心中的希望从来没有破灭，他多么渴望再看一眼明媚多姿的世界啊！

等第一千根弦终于弹断了，老瞎子背着一捆断弦，扶着柳琴来到药铺。药铺老板取出药方后立刻感到惊异了，老瞎子再三催促读一下，他小声地说："这，这上面什么也没写，只是白纸一张。"

老瞎子的身体在顷刻间倒下去，在一瞬间，他明白了师傅的苦心，也明白自己见不到明天的日出了。但是，不能死在这里，他想起了小瞎子。深夜的时候，他已经在小瞎子身边了。他默默地打开了小瞎子的琴，默默地把那张白纸放进去，默默地递过去，最后缓缓地说："不是一千根，而是一千二百根,是我记错了。我没有时间再弹到了,现在药方给你,等你弹断一千二百根的时候,按药方抓齐药,就可以把你的眼睛治好了。"

第二天黎明时分,老瞎子就死了。不过,小瞎子开始专心为一千二百根琴弦奋斗了。老瞎子传给小瞎子的不是一张白纸,而是一盆火,一盆圣火。这盆圣火中蕴藏着生的希望和生的力量。

而另外一位老人,这个世界上已让他无牵无挂了,他就孤零零地坐在竹椅里,一边晒太阳一边等待死神的降临。

可是有一天,他发现自己还不能去死,因为他遇上了一个被遗弃的小女孩,她还非常小,假如没有人照顾可能今夜就会冻死在街头。

老人从竹椅里站起来,他对自己说:"我还不能死,我还不能死,我还不能死。"老人开始在城市里四处捡垃圾,然后用换的钱,供小女孩吃饭、穿衣和上学。

每人早上和晚上,老人都要对自己说一篇:"我还不能死,我还不能死,我还不能死。"

这样过了20年,小女孩长大了,并且也大学毕业了。当她找到所爱的人并嫁过去后,老人松了一口气,对自己说:"我可以死了。"

无疑,老人多活了20年,是因为有什么东西点燃了他心中的圣火。

人人心中有一盆圣火,一旦点燃,便会令人感觉到生命的庄严与可爱,从而使人平静地接受现实、面对现实,并积极地去创造更丰富的个人生活。

电影《泰坦尼克号》里的露丝在情人杰克沉海之后,仍然能够坚强地活着,仍然能够再和别人结婚,仍然能够安然地度过一个多世纪,是因为她记着杰克对她说过的话:

"要坚持活下去,努力享受每一天。"

心灵感悟

是什么东西点燃了我们心中的圣火呢?是目标,是信仰,是希望,更多的时候是爱和梦想,有时候也是危险和恐惧。

常读故事的人就会发现一种现象:凡是那点燃圣火的人,往往是处于某种非常时刻。既面临灭顶之灾或命运进行到非好即坏的转折时,主人翁才认清生命的价值和意义,才被迫发挥潜力,去改造自己的生活,才继续有活下去的勇气。

勇气伴随自信而生

乔治·邦尼是一个经营着小本买卖的本分的美国人，几年前，他拥有平凡而殷实的普通生活。然而，他觉得仍然不够理想，因为他们没有多余的钱去买自己想要的东西，他的妻子尽管没有抱怨，但显然她也不高兴。

于是，邦尼的内心深处变得越来越不满。当他意识到爱妻和他的两个孩子并没有过上好日子的时候，心里就感到深深的刺痛。

但是今天，一切都有了极大的变化。现在，邦尼有了一所占地200平方米的漂亮新家，他和妻子再也不用担心能否送他们的孩子上一所好的大学了，他的妻子在花钱买衣服的时候也不再有那种犯罪的感觉了。下一年夏天，他们全家都将去欧洲度假。邦尼过上了真正幸福的生活。

邦尼说："这一切的发生，是因为我利用了信念的力量。五年以前，我听说在底特律有一个经营农具的工作。那时，我们还住在克利夫兰。我决定试试，希望能多挣一点儿钱。我到达底特律的时间是星期天的早晨，但公司与我面谈还得等到星期一。晚饭后，我坐在旅馆里静思默想，突然觉得自己是多么的可憎。'这到底是为什么？'我问自己，'失败为什么总属于我呢？'"邦尼不知道那天是什么促使他做了这样一件事：他取了一张旅馆的信笺，写下几个他非常熟悉的、在近几年内远远超过他的人的名字。他们取得了更多的权利和工作职责。其中两个原是邻近的农场主，现已搬到更好的边远地区去了，其他两个朋友曾经为他们工作过，最后一位则是他的妹夫。

邦尼问自己：什么是这5位朋友拥有的优势呢？他把自己的智力与他们做了一个比较，邦尼觉得他们并不比自己更聪明；而他们所受的教育，他们的正直、个人习性等，也并不拥有任何优势。终于，邦尼想到了另一个成功的因素，即主动性。邦尼不得不承认，他的朋友们在这点上略胜他一筹。

当时已经快深夜3点钟了，但邦尼的脑子却还十分清醒。他第一次发现了自己的弱点。他深深地挖掘自己，发现缺少主动性是因为在内心深处，他并不看重自己。

邦尼坐着度过了残夜，回忆着过去的一切。从他记事起，邦尼便缺乏

第一篇 ◆ 接受心灵的洗礼

自信心，他发现过去的自己总是在自寻烦恼，自己总对自己说不行，不行，不行！他总在表现自己的短处，几乎他所做的一切都表现出了这种自我贬值。

邦尼终于明白了：如果自己都不信任自己的话，那么将没有人信任你！

于是，邦尼做出了决定："我一直都是把自己当成一个二等公民，从今后，我再也不这样想了。"第二天上午，邦尼仍保持着那种自信心。他暗暗把这次与公司的面谈作为对自己自信心的第一次考验。在这次面谈以前，邦尼希望自己有勇气提出比原来工资高750美元甚至1000美元的要求。但经过这次自我反省后，邦尼认识到了他的自我价值，因而把这个目标提到了3500美元。结果，邦尼达到了目的，他获得了成功。

心灵感悟

一个人除非自己有信心，否则不能带给别人信心；已经信服的人，方能使人信服。

曼森太太的改变

曼森太太在回忆往事时曾这样说："我从小就因特别敏感而腼腆，我的身体一直太胖，而我的一张脸使我看起来比实际的还胖得多。我有一个很古板的母亲，在她的教育引导下，我变得非常害羞，觉得自己跟其他人都不一样，完全不讨人喜欢。"

"长大之后，我嫁给一个比我大好几岁的男人，可是我并没有改变。我丈夫一家人都很好，也充满了自信。他们就是我想是而不是的那种人。我尽最大的努力要像他们一样，可是我办不到。他们为了使我开朗而做的每一件事情，都只是令我更退缩到我的壳里去。我变得非常紧张不安，躲开了所有的朋友，情形坏到我甚至怕听到铃响。我知道我是一个失败者，又怕我的丈夫会发现这一点，所以每一次我们到公共场合的时候，我都假装很开心，结果常常做得太过分。我知道我做得太过分，事后我会为这个而难过好几天，最后不开心到使我觉得再活下去也没有什么意思了，我开始想自杀。"

是什么事才改变了这个不快乐的女人的生活呢？只是一句随口说出的话。

曼森太太说:"有一天,我的婆婆正在谈她怎么教育她的几个孩子,她说:'不管事情怎么样,我总会要求他们保持本色。'就是'保持本色'这句话!在一刹那间,我才发现我之所以那么苦恼,就是因为我一直在试着让自己适应一个并不适合我的模式。"

"在一夜之间我整个人都改变了。我开始保持本色。我试着研究自己的个性,试着找出我究竟是怎样的人,我研究我的优点,尽我所能地去学色彩和服饰知识,尽量以适合我的方式去穿衣服。我主动去交朋友,我参加了一个社团组织。我每发一次言,就增加一点勇气,这些花了很长的一段时间。今天我所有的快乐,是我改变前从未得到的。在教育我自己的孩子时,我也总是把我从痛苦的经验中所学到的东西教给他们:不管事情怎么样,总要保持本色。"

心灵感悟

什么是人的首要责任?答案是简单的:保持自我。

5元钱的合适价值

那一年,孙明不过9岁。一天,他拿着一张筹款卡回家,很认真地对妈妈说:"学校要筹款,每个学生都要叫人捐钱。"

对孩子来说,首先想到的捐钱的人就是自己的家长。

孙明的妈妈取出钱,交给他,然后在捐款卡上签名。孙明静静地看着妈妈签名,想说什么,却没有开口。妈妈注意到了,问他:"怎么啦?"

孙明低着头说:"昨天,同学们把筹款卡交给老师时,捐的都是100块、50块。"

孙明就读的是当地著名的"贵族学校",校门外,每天都有小轿车等候放学的学生。孙明的班级是排在全年级最前面的,班上的同学,不是家里捐献较多,就是成绩较好,当然,孙明不属于前者。

那一天,孙明说,不是想和同学比,也不是自卑。他一向都认真对待老师交代的功课,这一次,也想把自己的"功课"做好。况且,学校还举行班级筹款比赛,他的班已经领先了,他不想拖累了整个班,妈妈把孙明的头托起来说:"不要低头,要知道,你同学的家庭背景,非富即贵。我们必须量力而为,我们所捐的5块钱,其实比他们的500块还要多。你是学生,只要以自己的成绩尽力为校争光,就是对学校最好的贡献了。"

第二天,孙明抬起头来,从座位走出去,把筹款卡交给老师。当老师在班上宣读每位同学的筹款成绩时,孙明还是抬着头。自此以后,孙明在达官贵人、富贾豪绅的面前,一直抬着头做人。妈妈说的那番话,深深地刻在孙明心里。那是生平第一次,他面临由金钱来估量人的"成绩"的无言教育。非常幸运,就在这一次,他学习到了"捐"的意义,以及别人所不能"捐"的自己独一无二的价值。

心灵感悟

信心是一种心境,有信心的人不会在转瞬间就消沉沮丧。

在痛苦的深处微笑

父亲驾驶着货车,在一条陌生且偏僻的土路上奔驰。突然货车扭起了秧歌,几近失控。他狠狠地踩住刹车,避免了一场可怕的灾难。他对7岁的儿子说,坐在车上别动,我下去看一下。

汽车停下的位置,是一道斜坡。父亲钻到货车下,仔细检查他的车。正午的太阳高悬在空中,坑坑洼洼的土路上没有任何过往的车辆和行人。儿子在驾驶室里唱起快乐的歌。

突然,毫无征兆地,汽车滑动了一下。男人永远不会知道汽车为什么会突然滑动,是刹车失灵,还是驾驶室里的儿子扳动了刹车。似乎汽车在他头顶快速地驶过去,然后猛地一颤,就停下了。儿子的歌声戛然而止。那一瞬间,巨大的痛苦让父亲几近昏厥。

他仍然躺在车底下,他感到一种几乎无法忍受的剧痛。他不能够辨别这种剧痛来自身体的哪个部位,更不知道在那一刹那,车轮是从胸膛上还是两腿上轧过去的。那一刻他只想到了自己的儿子,他高喊着儿子的名字,他说你没事吧?

儿子推开车门，跳下来。他说我没事，我不知道汽车怎么突然动了。

父亲朝着儿子微笑，他说你没事就好，你把电话拿给我。

儿子说你要电话干什么？你怎么不起来？

父亲说我累了，我想躺在这里休息一会儿。你把电话拿给我，我给你妈妈打个电话。此刻疼痛在一点一点地加剧，如果不是儿子在场，他想，他或许会痛苦地大叫起来。可是现在，他只能微笑地面对自己的儿子。

儿子取来了电话，他拨通了急救电话。可是他根本无法讲清楚自己所处的准确地点。他不知道急救车什么时间能够抵达这里，更不知道，他能不能挨过这段漫长的时间。

接着他拨通了妻子的电话。她问你还好吗？他说还好，我们现在正在休息。她问小家伙好吗？他说好，在旁边呢。然后他扭过头，冲蹲在不远处的儿子挤挤眼睛。她说那就好，早点儿回来，想你们了。他听到她在几千里外轻吻了他，然后挂断了电话。他笑着对儿子说，你就蹲在这里，别回到汽车里去——他不敢肯定，汽车会不会再一次滑行。

儿子有些不太愿意，他说天太热了，我不喜欢蹲在这里，你还没把车修好吗？他朝儿子微笑。他说还得等一会儿，并且，我还没有休息好。这样，现在我们做一个游戏。我们朝对方微笑，看谁先支持不住，记住，只能微笑。父亲盯着他的儿子，微笑的表情似乎凝固了。只有他知道，此时，他在经受着怎样一种天崩地裂的剧痛。

儿子对游戏产生了兴趣。他坐在地上，学着父亲的样子微笑。后来他困了，眼皮不停地打架。终于，他躺在地上睡着了。

很长时间后他醒过来，他看到手忙脚乱的人群，他看到很多人喊着号子，推开了货车，将脸色苍白的父亲抬上了急救车。父亲看着他，仍然是一副微笑的表情。父亲保住了性命，却永远失去了两条腿，可是他没有失去微笑。微笑像阳光一样在他脸上流淌，让人踏实，充满安全感。

后来儿子长大了，也有了儿子。很长的一段时间里，他的生活动荡不安。他身心疲惫，一个人承受着太多的艰辛和痛苦。可是，当面对自己的朋友，面对自己的妻儿，他总是深藏起所有痛苦，而在脸上挂着和父亲一样的微笑。

他微笑着说，这是很多年前，我那面对灾难的父亲，留给我的所有表情。

心灵感悟

是的，微笑不是父亲的唯一表情，但无疑，微笑是所有父亲最重要的表情。在痛苦的深处微笑，那是一份爱和责任。

珍惜的价值

我有几件古玩，都不是很名贵的古董，只不过我喜欢它们的古朴和造型。尤其是那尊唐代的舞女俑，云髻高绾，娥眉蚕日，衣的褶皱线条流畅，造型优雅，十分赏心悦目，它是一件并不昂贵的出土古董，一位陕西的朋友赠给我的。我把它高高地放在书架上，伏案疲劳时，抬头赏一眼，歇歇心脑。

时常有喜欢古玩的朋友到我这里来，他们看到那件舞女俑，也十分喜欢，一个个爱不释手、恋恋不舍的样子。于是，便有人向我讨价说："给你一千元，你把它卖给我吧？"我摇了摇头拒绝了，我想，他开出的价已经不算低了，但为了那区区一千元，我怎能忍痛割爱呢？

又过了几天，这位朋友又来了，进门就盯住了我书案上的那件陶俑，主动跟我谈起价格："我知道，那件陶俑上次给你开价一千元太低了。这样吧，我今天开价五千元，卖给我怎么样？"

我笑着拒绝他说："这不是卖不卖的问题，再说，它怎么能值那么多钱呢？"任他怎么说，我还是婉言拒绝了。

又过了几天，他又来了，进门连茶也顾不得喝一口，就又同我谈起那件陶俑的价格来了，他豪爽地说："这次你也别推辞说卖不卖了，瞧，我给你拿来了一万元，陶俑我现在就带走。"一万块的确是不少了，我自己都不敢相信这件陶俑竟能值一万元，但作为朋友，我并不想赚他的钱，让他破费一万元却买了个并不昂贵的古玩。另外，我也不喜欢他今天的作派，仗着自己腰里有一万元，就要强买强卖了。于是，我拒绝他说："跟你说过的，这件陶俑根本不值这么多钱，我只是喜欢把玩它，并不指望靠它来赚钱。你出多高的价格，我都不会卖的。"见我这么坚决，朋友只好失望地悻悻而去。

过了几个月，他忽然带着一个人来了，并向我介绍说那人是广州的一个大老板，十分痴迷于古玩，愿意出价十万元买我的陶俑。那人见了我的陶俑，顿时也是赞叹不已，他说十万元现金他已随身带来了，只要我点头同意，我们便可立即成交。看着那位老板码在我茶几上的一大摞钞票，我忙向他解释说："这只是件普通古玩，根本不值那么多钱的。"但凭我怎么解释，朋友和那位广州老板都不相信，他们说："如果不是件宝物，您能这么珍惜它吗？十万元还不乐意出售，那肯定是一件宝物了。"我感到自己没法向他们解释清楚，就挂电话请来了一位研究文物的朋友，他说这是一件很普通的陶俑。最多价值五百元。

"五百元？"朋友和他带来的广州老板都大吃一惊，他们不相信这件陶俑竟这么不值钱。我笑着告诉他们说："这是古董专家估的价，现在你们总该相信了吧？"

两个人疑惑地走了。

我笑他们的痴迷："这两个人，要用十万元来买我这件破陶俑。"研究文物的朋友说："你无意间运用了古董交易，你越珍惜它，在别人看来它的价值就越大。"朋友说，玉和钻石不就是一种石头吗？但天下的人都珍惜它，于是一块玉石和钻石就成无价之宝了。

是啊，给石头注入了心灵的珍惜，石头就成了玉石和钻石；给金属注入了心灵的珍惜，金属就成了白银和黄金。

心灵感悟

<u>珍惜我们自己的东西，就是一张废纸，只要注入了我们真诚的珍惜，那么有一天它也会价值连城的。</u>

目标就在眼前

20世纪50年代，有一位女游泳选手，她发誓要成为世界上第一位横渡英吉利海峡的人。为了达到这个目标，她不断地练习，不断地为这历史性的一刻做准备。这一天终于来临了。女选手充满自信地昂首阔步，然后在众多媒体记者的注视下，满怀信心地跃入大海中，朝对岸英国的方向前进。旅程刚开始时，天气非常好，女选手很愉快地向目标挺进。但是，随着越来越接近对岸，海上起了浓雾，而且越来越浓，几乎到了伸手不见五指的程度。女选手处在茫茫大海中，完全失去了方向感，她不晓得到底还要游多远才能上岸。她越游越心虚，越来越筋疲力尽，最后她终于宣布放弃了。当救生艇将她救起时，她才发现只要再游一百多公尺就到岸了。众人都为她惋惜，距离成功已经那么近了。她对着众多的媒体说："不是我为自己找借口，如果我知道距离目标只剩一百多公尺，我一定可以坚持到底，完成目标的。"

心灵感悟

缩短与目标之间的距离，会使紧张的心理得到放松，在放松的状态下前进，会使通向成功的路变得平坦。学会调整心态很重要。

力争一流

20世纪30年代，在英国一个不出名的小城镇里，有一个叫玛格丽特的小姑娘，自小就受到严格的家庭教育。父亲经常向她灌输这样的观点：无论做什么事情都要力争一流，永远坐在别人前头，而不能落后于人，"即使坐公共汽车时，你也要永远坐在前排。"父亲从来不允许她说"我不能"或者"太困难了"之类的话。正是因为从小就受到父亲极其"残酷"的教育，才培养了玛格丽特积极向上的决心和信心。她总是抱着一往无前的精神和必胜的信念，尽自己最大的努力克服一切困难，以自己的行动实践着"永远坐在前排"。

在上大学时玛格丽特凭着自己顽强的毅力和拼搏精神，硬是在一年内全部学完了学校要求学5年的拉丁文课程，并且令人难以置信的是，她的考试成绩竟然名列前茅。

其实，玛格丽特不光在学业上出类拔萃，她在体育、音乐、演讲及学校的其他活动方面也都一直走在前列。当年她所在学校的校长评价她说："她无疑是我们建校以来最优秀的学生，她总是雄心勃勃，每件事情都做得很出色。"

正因为如此，四十多年以后，英国乃至整个欧洲政坛上才出现了一颗耀眼的明星，她就是英国第一位女首相，雄踞政坛长达11年之久，被世界政坛誉为"铁娘子"的玛格丽特·撒切尔。

心灵感悟

因为要争得第一，所以要加倍努力；因为要走在别人前面，所以要加快脚步；因为要做最优秀的，所以要格外刻苦，做最好的自己就是要不断超越自己。

当找牛时碰见鹿

主人的两头牛不见了，他吩咐仆人出去找。等了半天也不见仆人回来，主人只得自己出去找，看个究竟。在野地里，主人看到他的仆人正在那里来回瞎跑，就问他："你到底在干什么？"仆人回答："刚才我发现两头鹿，您知道，鹿茸非常值钱，所以不必找什么牛了。"主人说："那么你捉到鹿了吗？"仆人说："我去追朝东跑的那头鹿，谁知它跑得比我快。不过请放心，我记得朝西的那头鹿脚有点瘸，所以转过来再追它，相信我会捉到的。"

心灵感悟

专注投入地做好一件事，目标太多会让你花了眼到头来一事无成。

五指张开不如一拳紧握，意思是说：五指张开的力量不如把五指紧握成一个拳头的力量大，即集中会产生更大的效果。在我们工作和学习中也是一样，与其把时间和精力处处平均使用，不如在某些关键事情上集中精力去获取成功。

生活中，我们大多数人之所以半途而废，这其中的原因，往往不是难度较大，而是没有投入自己百分之百的心思和精力，如果在某段时间内同时进行多件事情，有可能造成时间和精力的分散，做事的成效反而不会很高。

从捡煤屑到香港首富

香港首富李嘉诚是香港长江实业集团主席、汇丰银行副主席。他的成功靠的是永不停息地奋斗。

李嘉诚，祖籍广东潮安县，1928年出生。当李嘉诚3岁的时候，祖父去世了，从此，家里的生活越来越困难。他的父亲几次被迫丢下教鞭，到南洋去做生意，却都没有赚到钱，最后只好回到家乡来继续教书，艰难地维持着一家人的生活。李嘉诚放学后，也常常到码头去捡煤屑。李嘉诚14岁的时候，父亲由于操劳过度，不到40岁就病逝了，为了养家糊口，他只好辍学工作，刚上了几个月中学的他从此失学了。李嘉诚艰苦地工作了8年，省吃俭用，攒了一笔钱。他在亲友的资助下，创办了长江塑胶厂。

那时工厂规模很小，只能生产一些普通玩具和家庭用品。李嘉诚每天至少工作16小时，根本没有节假日。由于睡眠不足，怕早上起不了床，他买了两个闹钟，放在枕边。就这样，李嘉诚一干就是7年，终于创立了长江实业公司。

就在如此繁忙的工作中，李嘉诚也不忘记坚持自学。他每天在工作之余，都会自修。不断地学习开阔了李嘉诚的眼界，增长了他控制全局的能力，保证了他的事业蒸蒸日上。

晚年的李嘉诚并没有原地踏步，他要为祖国教育的发展作贡献。他在汕头毅然投资2.4亿港元兴建汕头大学。他说："汕头大学的创办是为国为民，比我从事的其他事业都更为重要，必须千方百计以破釜沉舟的精神建成它，这是我最大的心愿。能为国家办一点事，是我应尽的国民之天职。"

心灵感悟

要面对逆境，就要有强者的心态，这是一种成功人生的态度。每个人都有权力选择自己面对逆境、面对生活的态度，不管是什么样的态度都会影响我们待人处事的方法，也会造成不同的人生局面，生活始终都是掌握在我们自己手中的。

大难不死的诺贝尔

1864年9月3日这天，寂静的斯德哥尔摩市郊，突然传出一声震耳欲聋的爆炸声，屹立在这里的一座工厂只剩下残垣断壁，火场旁边，站着一位三十多岁的年轻人，面对突如其来的惨祸和过分的刺激，已使他面无人色，浑身不住地颤抖着……

这个大难不死的青年，就是后来闻名于世的弗莱德·诺贝尔。诺贝尔眼睁睁地看着自己所创建的硝化甘油炸药实验工厂化为了灰烬。

人们从瓦砾中找出了五具尸体，四人是他的亲密助手，而另一个是他在大学读书的小弟弟，五具烧得焦烂的尸体，令人惨不忍睹。诺贝尔的父亲和母亲得知小儿子惨死的噩耗，悲痛欲绝。然而，诺贝尔在失败面前却没有动摇。

事情发生后，人们像躲避瘟神一样地避开他，再也没有人愿意出租土地让他进行如此危险的实验了。但是，困境并没有使诺贝尔退缩，几天以后，人们发现在远离市区的马拉仑湖上，出现了一艘巨大的平底驳船，驳船上并没有装什么货物，而是装满了各种设备，一个年轻人正全神贯注地进行实验。

毋庸置疑，他就是在爆炸中死里逃生、被当地居民赶走了的诺贝尔。

苍天不负有心人，他终于发明了雷管。雷管的发明是爆炸学上的一项重大突破，随着当时许多欧洲国家工业化进程的加快，开矿山、修铁路、凿隧道、挖运河等都需要炸药。

于是，人们又开始亲近诺贝尔了。他把实验室从船上搬迁到斯德哥尔摩附近的温尔维特，正式建立了第一座硝化甘油工厂。接着，他又在德国的汉堡等地建立了炸药公司。一时间，诺贝尔的炸药成了抢手货，诺贝尔的财富与日俱增。

诺贝尔赢得了巨大的成功，他一生共获得专利发明权355项。他用自己的巨额财富创立的诺贝尔奖，被国际学术界视为一种崇高的荣誉。

第一篇 ◆ 接受心灵的洗礼

心灵感悟

大无畏的勇气和矢志不渝的恒心能激发一个人心中的潜能，它能让接踵而至的灾难和困境却步。对已选定的目标义无反顾，永不退缩，在奋斗的路上，你永远是骄子。

让罗斯福夫人不再说"不"

1943年，美国的《黑人文摘》刚创刊时，前景并不被看好。它的创办人约翰逊为了扩大该杂志的发行量，积极地准备做一些宣传。

他决定组织撰写一系列"假如我是黑人"的文章，他想，如果能请罗斯福总统夫人埃莉诺来写这样一篇文章就最好不过了。于是约翰逊便给她写去了一封措辞非常诚恳的信。

罗斯福夫人回信说，她太忙，没时间写。但是约翰逊并没有因此而气馁，他又给她写去了一封信，但她回信还是说太忙。以后，每隔半个月，约翰逊就会准时给罗斯福夫人写上一封信，言辞也愈加恳切。

不久，罗斯福夫人因公事来到约翰逊所在的芝加哥市，并准备在该市逗留两日。约翰逊得此消息，喜出望外，立即给总统夫人发了一份电报，恳请她趁在芝加哥逗留的时间里，给《黑人文摘》写那样一篇文章。

罗斯福夫人收到电报后，没有再拒绝，她觉得，无论多忙，她再也不能说"不"了。

这个消息不胫而走，而最直接的结果是，《黑人文摘》杂志在一个月内，由2万份增加到了15万份。后来，约翰逊又出版了黑人系列杂志，并开始经营书籍出版、广播电台、妇女化妆品等事业，终于成为闻名全球的富豪。

心灵感悟

一个人是可以做到他想要的一切的，需要的只是坚忍不拔的毅力和持久不懈的努力。

马厩里的文学家

唐朝有位大文学家苏颋,小时候父亲不喜欢他,总认为他没有出息,兄弟们也讨厌他,没人跟他玩。苏颋得不到家人的关爱,就常和仆人们玩,甚至同他们吃住在一起。这样,父亲就更不喜欢他,让他睡在马厩里,像对待长工一样对待他。

在这样的环境中,他没有自暴自弃。兄弟们在书房里念书,他就利用晚上的时间在马棚里发奋读书。白天干了一天的活,晚上别人都睡了,他却仍然在昏暗的灯下苦读。夏天蚊子咬,冬天北风吹,他从不间断自己的学习。

有一天,母亲偷偷到马厩里看他,看到他写的文章,忙拿给他的父亲看。苏颋的父亲看了,觉得比其他儿子写得强多了,又听了苏颋勤奋读书的事,很受感动,便有了爱子之心,开始关心他,把他叫回来,让他和兄弟们一起到书房读书。

有了良好的条件,苏颋更加努力学习,进步很快。在武则天执政时考中了进士,当上了宰相,被封为许国公。

心灵感悟

凡是经得起考验的人,都会因为他的毅力而获得丰厚的回报。只有少数人能从经验中得知坚忍不拔精神的重要性,这些人承认失败只是一时的,他们依靠不衰的愿望而使失败转化为胜利。我们站在人生的轨道上,目击绝大多数的人在失败中倒下去,永远不能再爬起来。对此,我们只能总结说,一个人没有毅力,那他在任何行业中都不会取得成就。

再困难的事情都有解决的办法,只要你坚忍不拔。

在这个世界上,没有谁注定就是强者,也没有谁注定就是弱者。

最后一壶水

有一年,一支英国探险队进入了撒哈拉沙漠地区。茫茫的沙海里,阳光下，漫天飞舞的风沙像烧红的铁砂一般，扑打着探险队员的面孔。队员们口渴似炙，心急如焚，可是大家的水都喝光了。

这时，队长拿出一个水壶，说："这里还有最后一壶水。但是，在走出沙漠以前，谁也不能喝。"

于是一壶水，成了穿越沙漠的信念的源泉，成了队员们求生的希望。水壶在队员们的手中传递，那沉甸甸的感觉每每使队员们在濒临绝望的时候，又显露出坚定的神色。

终于，探险队顽强地走出了沙漠，挣脱了死神的魔掌。大家喜极而泣，用颤抖的手拧开了那壶支撑他们精神和信念的水——

缓缓流出来的，却是一壶满满的沙子。

心灵感悟

希望是一根柱子，能撑起精神的广漠的天空；希望是一片阳光，能驱散迷失者眼前的阴影；希望是万千雄兵，能帮你打败所有的内心遗憾与恐慌！

拥有大梦想

从前，有两个兄弟，老大想到北极去，而老二只想走到北爱尔兰。有一天，他俩从牛津城出发。结果两个人都没有到达目的地，但老大到达了北爱尔兰，而老二仅仅走到了英格兰北端。

心灵感悟

一个梦想大的人，即使实际做起来没有达到最终目标，可他实际达到的目标都可能比梦想小的人最终目标还大，所以，梦想不妨大一点。

未来我是……

有个叫布罗迪的英国教师，在整理旧物时，发现了一叠练习册，它们是皮特金幼儿园B(2)班31位孩子的春季作文，题目叫：未来我是……

他本以为这些东西在德军空袭伦敦时，早已被炸毁了。没想到，它们竟安然地躺在一只木箱里，并且一躺就是50年。

布罗迪随手翻了几本，很快被孩子们千奇百怪的自我设计给迷住了。比如有个叫彼得的小家伙说，未来的他是海军大臣，因为有一次他在海中游泳，喝了大约三升海水都没被淹死；还有一个说，自己将来必定是法国的总统，因为他能背出25个法国城市的名字，而其他同学最多只能背出7个；最让人称奇的是一个叫戴维的小盲童，他认为，将来他必定是英国的内阁大臣，因为在英国还没有一个盲人进入内阁……

总之，31个孩子都在作文中描绘了自己的未来，有想当驯狗师的、有想当领航员的、有要做王妃的……真可谓五花八门，应有尽有。

布罗迪读着这些作文，突然产生了一种冲动——为何不把这些练习本重新发到同学们手中，让他们看看现在的自己是否实现了50年前的梦想？

当地一家报纸得知了布罗迪的这一想法，为他发了一则启事。没几天，书信从各地向布罗迪飞来。他们中间有商人、学者及政府官员，更多的是没有身份的人，他们都表示，很想知道自己儿时的梦想，并且很想得到自己当年的作文簿。布罗迪按地址一一给他们寄去了练习册。

一年后，布罗迪身边仅剩下一个作文本没人索要，他想，这个叫戴维的盲孩子也许已经去世了，毕竟整整50年了。

就在布罗迪准备把这个本子送给一家私人收藏馆时，他收到内阁教育大臣布伦克特的一封信。他在信中说："那个叫戴维的人就是我，感谢您还为我们保存着儿时的梦想。不过我已经不需要那个本子了，因为从那时起，我的梦想就一直珍藏在我的脑子里，没有一天忘记过。50年过去了，可以说我已经实现了梦想。今天，我还想通过这封信告诉其他的同学，只要不让年轻时的梦想随岁月飘逝，成功总有一天会出现在你的面前。"

心灵感悟

所有成功的人都是在生活的早期就清楚明白地确立自己的方向，并且始终如一地把他们的能力对准这一目标前进的人。

三英尺的差距

达比的叔叔在淘金热时怀着发财的梦想来到西部淘金。他圈出了一块地，拿起锄头和铁铲就开始埋头挖掘梦中的黄金。

辛苦了几个星期后，他终于看到了闪闪发光的矿石。但是因为没有器械把这些矿石运出去，他就只好悄悄地把矿藏掩盖起来，然后回到马里兰州的威廉斯堡。

当他把这个重大的发现告诉了亲友和一些邻居，他们凑足了钱，买了器械运到西部，达比和叔叔则回到矿区继续挖矿。

第一车矿石运到冶炼厂冶炼出来后，证明了他们找到的是科罗拉多最丰富的矿藏之一。如果能再挖上几车矿石，就可以偿还欠下的所有债务了，然后，就是滚滚而来的大笔财富了。

但是正当矿井越来越深，达比和叔叔的希望也越来越大的时候，金矿居然不见了！聚宝盆不存在了，他们所有的希望都变成了泡影！他们拼命地挖，然而天不遂人愿，金矿再也没有出现。

最后，他们只好失望地放弃了。

他们把器械以几百美元的低价卖给一个旧货商，然后乘火车回了家。那个旧货商找来了一个采掘工程师察勘矿区，然后进行了仔细估算。采掘工程师认为矿主没有采掘成功的主要原因是他们不懂"断层线"。他估算，再挖三英尺，达比和叔叔就能重新找到金矿！金矿就在三英尺之下，然而达比和叔叔已经选择了放弃。

心灵感悟

在你精疲力竭的时候，也许你离终点只有一步之遥！当你失去信心，准备放弃的时候，也许成功就在你的最后一次尝试之后。坚持不懈是一种可贵的品质，同时也是促进成功的加速度。

第二篇

让日子发亮

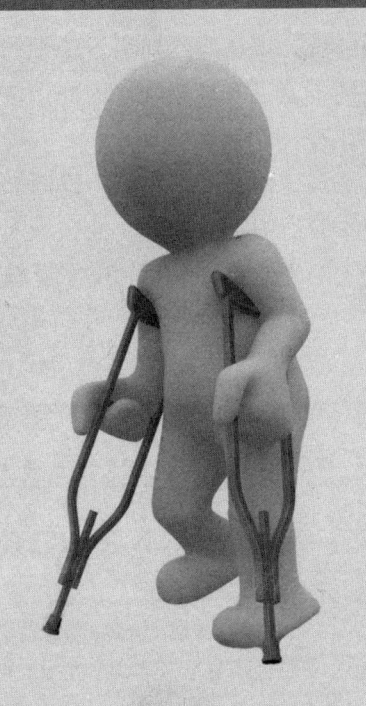

一道智能测试题

2001年5月,美国内华达州的麦迪逊中学在入学考试时出了这么一个题目:比尔·盖茨的办公桌上有5只带锁的抽屉,分别贴着财富、兴趣、幸福、荣誉、成功5个标签;盖茨总是只带一把钥匙,而把其他的4把锁在抽屉里,请问盖茨带的是哪一把钥匙?其他的4把锁在哪一只或哪几只抽屉里?

一位刚移民美国的外国学生,恰巧赶上这场考试,看到这个题目后,一下慌了手脚,因为他不知道它到底是一道英文题还是一道数学题。考试结束,他去问他的担保人——该校的一名理事。理事告诉他,那是一道智能测试题,内容不在书本上,也没有标准答案,每个人都可以根据自己的理解自由地回答,但是老师有权根据他的观点给一个分数。

这位外国学生在这道9分的题上得了5分。老师认为,他没答一个字,至少说明他是诚实的,凭这一点应该给一半以上的分数。让他不能理解的是,他的同桌回答了这个题目,却仅得了1分。同桌的答案是,盖茨带的是财富抽屉上的钥匙,其他的钥匙都锁在这只抽屉里。

后来,这道题通过E-mail被发回了这位外国学生原来所在的国家。这位学生在邮件中对同学说,现在我已知道盖茨带的是哪一把钥匙,凡是回答这把钥匙的,都得到了这位大富豪的肯定和赞赏,你们是否愿意测试一下,说不定从中还会得到一些启发。

同学们到底给出了多少种答案,我们不得而知。但是,据说有一位聪明的同学登上了美国麦迪逊中学的网页,他在该网页上发出了比尔·盖茨给该校的回函。函件上写着这么一句话:在你最感兴趣的事物上,隐藏着你人生的秘密。

心灵感悟

兴趣和爱好是促使人不断去探寻所感兴趣的事物的最大动力。没有兴趣的追求注定一片苍白,而且带着勉强和压力。所以,兴趣是决定成败的关键因素。

不能凭着感觉往前走

撒哈拉沙漠中有一个小村庄叫比塞尔。它靠在一块1.5平方公里的绿洲旁，从这儿走出沙漠一般需要三昼夜的时间，可是在英国皇家学院院士肯·莱文1926年发现它之前，这儿的人没有一个走出过大沙漠。据说他们不是不愿意离开这块贫瘠的地方，而是尝试过很多次都没有走出来。

肯·莱文用手语同当地人进行交谈，结果每个人的回答都是一样的：从这儿无论向哪个方向走，最后都还要转回这个地方来。为了证实这种说法的真伪，莱文做了一次试验，从比塞尔村向北走，结果三天半就走了出来。

比塞尔人为什么走不出去呢？肯·莱文感到非常纳闷，最后他决定雇一个比塞尔人，让他带路，看看到底是怎么回事？他们准备了能用半个月的水，牵上两匹骆驼，肯·莱文收起指南针等设备，只带一根木棍跟在后面。

10天过去了，他们走了大约800英里的路程，第11天的早晨，一块绿洲出现在眼前，他们果然又回到了比塞尔。这一次肯·莱文终于明白了，比塞尔人之所以走不出大沙漠，是因为他们根本就不认识北极星。

在一望无际的沙漠里，一个人如果凭着感觉往前走，他会走出许许多多、大小不一的圆圈，最后的足迹十有八九是一把卷尺的形状。比塞尔村处在浩瀚的沙漠中间，方圆上千公里，没有指南针想走出沙漠，确实是不可能的。

肯·莱文在离开比塞尔时，带了一个叫阿古特尔的青年。他告诉这个青年："只要你白天休息，夜晚朝着北面那颗最亮的星星走，就能走出沙漠。"

阿古特尔照着去做，三天之后果然来到了大漠的边缘。

心灵感悟

因为没有方向和目标，许多努力和辛苦都会付诸东流；因为没有方向和目标，生命就会永远行进在绕圈的旅途中。只有找到自己的北极星，人生的旅途才会呈现出别样的风景。

绝处逢生

"二战"期间,一艘美国驱逐舰停泊在某港湾,一名士兵例行巡视全舰,突然看到一个乌黑的大东西在不远的水面上浮动着。他惊骇地看出那是一枚触发水雷,可能是从一处雷区脱离出来的,正随着退潮慢慢向军舰漂来。

他马上打电话通知了值日官,值日官很快通知了舰长,全舰立刻动员起来,官兵都愕然地注视着那枚慢慢漂近的水雷,大家都明白灾难即将来临。军官立刻提出各种办法。他们该起锚走?不行,没有足够的时间;发动引擎使水雷漂离?不行,因为螺旋桨转动只会使水雷更快地漂向舰身;以枪炮引炸水雷?也不行,因为那枚水雷离舰艇上的弹药库太近。那么该怎么办呢?放下一只小艇用一根长竿把水雷拨走?这也不行,因为那是一枚触发水雷,同时也没有时间去抓下水雷的雷管。悲剧似乎是无法避免了。

突然,一名水兵想出了比所有军官的办法都好的办法,"把消防水管拿来。"大家立刻明白这个办法有道理。他们向舰艇和水雷之间的海上喷水制造一条水流,把水雷带向远方,然后用舰炮引炸了水雷。

人在陷入绝境的时候,但一定不能绝望,学会激发生命中的潜能吧!

心灵感悟

身陷绝境的时候,也正是激发我们内在潜能的时候,绝望远比绝境更为可怕。当我们充分发掘出了生命的内在的能量去勇敢应对困境的时候,也正是我们人生最精彩的时候。

跑龙套的周星驰

如果有人问华语电影圈中的"喜剧之王"是谁,大家第一个想到的一定是周星驰。

周星驰生于1962年6月22日。中学毕业后,他考入无线电视第11期夜间训练班，并于1983年结业成为无线电视旗下的演员。此后，他便开始在儿童节目"430穿梭机"中担任主持工作。这份工作的报酬很低，却也给了周星驰大量的时间充实自己。在此期间，他一直没有放弃成为演员的想法。

当时的香港，影视业空前发达。和众多外形俊朗、容貌出色的艺人相比，周星驰的自然条件很是一般，因此，在很长一段时间里，周星驰都没有寻找到很好的发展机遇，只是偶尔在一些影视剧中担任配角。

我们内地观众所熟知的《射雕英雄传》《霍元甲》等电视连续剧中，都曾有过星爷的身影。只不过，那时的周星驰还是一个临时演员，不要说让大家记住名字，连模样都很难在屏幕上看清。这段扮演"龙套演员"的经历，让周星驰很难忘怀。多年之后，在他兼任导演和演员的著名电影《喜剧之王》中，这段岁月再度被重现了。虽然面对新闻媒体，周星驰始终不肯承认剧中的尹天仇就是当年的自己，但是明眼人还是能够读出这部喜剧电影中的苦涩。

就像剧中的尹天仇一样，周星驰虽然身处逆境却始终不肯放弃希望，对于身边的每一个机会，他都尽力争取。终于，命运女神在1988年敲响了他的房门。因为正是这一年，周星驰在李修贤导演的电影《霹雳先锋》中扮演的角色，获得了众多影业人士的赞许，并获得第25届金马奖最佳男配角奖。

此后，周星驰的星运便一路畅通。其主演的三十多部喜剧电影给华人观众带来无数笑声，而周星驰开创的独具特色的表演方式也被赋予"无厘头文化"的关名。

1996年，星爷出演的电影《大话西游之仙履奇缘》更是被内地观众奉为永恒的经典。很多中国内地文化人士更赋予其"后现代解构主义"的高度评价。

2005年，周星驰执导并担任主演的电影《功夫》，更是打开了国际市场，让中国功夫再一次吸引了全世界人们的目光。

心灵感悟

<u>不经历风雨，就不会见彩虹；不身处逆境，就不会全力开创顺境，面对困难，心平气和地勇敢面对是最好的选择。</u>

满身伤痕的船

在大海上航行的船没有不带伤的。

英国劳埃德保险公司曾从拍卖市场买下一艘船,这艘船于1894年下水,在大西洋上曾138次遭遇冰山,116次触礁,13次起火,207次被风暴扭断桅杆,然而它从没有沉没过。

劳埃德保险公司基于它不可思议的经历及在保险方面带来的可观收益,最后决定把它从荷兰买回来捐给国家。现在这艘船就在英国萨伦港的国家船舶博物馆里。

不过,使这艘船名扬天下的却是一名来此观光的律师。当时,他刚打输了一场官司,委托人也于不久前自杀了。

尽管这不是他人生的第一次失败辩护,也不是他遇到的第一例自杀事件,然而,每当遇到这样的事情,他总有一种负罪感。他不知该怎样安慰这些在生意场上遭受了不幸的人。

当他在萨伦船舶博物馆看到这艘船时,忽然有一种想法,为什么不让他们来参观参观这艘船呢?于是,他就把这艘船的经历抄下来,和这艘船的照片一起挂在他的律师事务所里,每当商界的委托人来请他辩护,无论输赢,他都建议他们去看看这艘船。

它使我们知道:在大海上航行的船没有不带伤的。

心灵感悟

满身伤痕的船带给我们的启示是:只有经历了大风雨、大险阻,才能磨炼出自身价值。

什么时候收拾桌面

退休后的老教授决定再做些事情,于是他决定巡回访问偏远山区的学校,与当地老师分享教学经验。由于老教授的爱心及和蔼可亲的性格,使他到处受到老师及学生的欢迎。

一次，当他结束在山区某学校的访问行程，欲赶赴他处时，许多学生依依不舍，老教授也不免为之所动，当下答应学生，下次再来时，只要谁能将自己的课桌椅收拾整洁，老教授将送给该学生一件神秘礼物。

在教授离去后，每到星期三，所有学生必定将自己的课桌收拾干净，因为星期三是每个月教授前来例行拜访的日子。只是不确定教授会在哪一个星期三到来。

其中有一个学生和其他同学的想法不一样，他一心想得到教授的礼物留做纪念，生怕教授会临时在星期三以外的某个日子突然带着神秘礼物来到，于是他每天早上都将自己的桌椅收拾整齐。

但上午收拾妥当的桌面，到了下午常常又是一片凌乱。这个学生又担心教授会在下午来到，于是每天下午免不了又会收拾一次。想想又觉不安，如果教授在一个小时后出现在教室，仍会看到他的桌面凌乱不堪，便决定每个小时收拾一次。

到最后，他想到，如果教授随时可能到来，仍有可能看到他的桌面不整洁。到这个时候，小学生终于想清楚了，他必须时刻保持自己桌面的整洁，随时欢迎教授的光临。

心灵感悟

人们常说机会属于有准备的人，不错的，因为时时有准备，当然不会错过眼前的机会。你是否为自己的理想时时准备着，如果没有，就从现在开始吧！

一天投资一点

艾伦·哈特格伦博士学识渊博，他以前是一所大教堂的牧师，后来退休了。他曾经问过一位年轻人是否了解南非树蛙，年轻人坦白地说："不知道。"

博士诚恳地说："如果你想知道，你不妨每天花5分钟的时间阅读相关资料，这样，5年内你就将成为最懂南非树蛙的人，也会成为这一领域中最具权威的人。"

年轻人当时不置可否，但他后来却时常想起博士的这番话，觉得这番话真的道出了许多人生哲理。

我们当中绝大多数人都不愿意每天投资5分钟的时间（与5个钟头的时间相比实在是少之又少）努力成为自己理想中的人。

伍迪·艾伦曾说过，生活中90%的时间只是在混日子。大多数人的生活只停留在为吃饭而吃、为搭公车而搭、为工作而工作、为了回家而回家。人们从一个地方逛到另一个地方，事情做完了一件又一件，看似做了很多事，但却很少有时间从事自己真正想做的事。就这样，一直到老死。我猜想很多人直到退休时，才发现自己虚度了大半生，剩余不多的日子又在衰老和病痛中一点一点地流逝。

成大事者与不成大事者之间的距离，并不像大多数人想象的那样是一道无法逾越的鸿沟。

成大事者与不成大事者只差在一些小小的动作上：每天花5分钟阅读、多打一个电话、多努力一点、在适当时机的一件小事上多费一点心思、多做一些研究，或在实验室中多做一次试验。

在追求理想时，你必须时刻与自己作比较，看看今天有没有比昨天更进步——即使只有一点点。

只要再多一点能力；

只要再多一点敏捷；

只要再多一点准备；

只要再多一点注意；

只要再多一点精力；

只要再多一点创造力。

……

通常只有在遇到实际的状况时，才能分辨你的能力足不足以胜任那份工作。如果你是一个外科医生，动手术时却笨手笨脚，就说明你医术不佳；如果你是一个厨师，人们只有在吃了你准备的餐点后，才知道你的厨艺究竟好不好。

在行动之前你自己就大概知道你是否能够胜任这一任务。你可以想尽办法掩饰你的无助，并祈祷没有人会发现。但终究你还是得面对自己的无能为力，也必须自己想办法修正。

没有任何借口可以解释你为什么长时间无法胜任一项工作。第一天你可能什么都不知道，第二天你应该至少懂点什么。第一次尝试一份工作，你可能没办法表现得尽善尽美，但经过一些天的练习，你总应该比第一天做得更好。

别人无法真正断言你是不是一个诚实的人——在实际的表现之前。只有你自己才知道自己的动机或企图；只有你自己才知道你诚不诚实、值不值得信赖；也只有你自己才知道你提供的交易公不公平？

人们通常最了解自己是否欺骗了他人，如果自己连这点都不知道，就已经成为一个病态的骗子，行为上也必定会有严重的偏差。

不论你想追求的目标是什么，你都必须强迫自己增强能力以实现它。这就要求你钻研自己的领域，认真地研究、仔细地观看、专心地聆听这行中顶尖人才的言行举止，并效法他们的作为。

勤加练习，勤加练习，最后还是勤加练习！绝不放弃学习，而且一定要将学得的知识运用于日常生活中。

心灵感悟

不懂得学习的人，终会被社会抛弃；不懂得把握时间的人，一生都会碌碌无为。其实成功并不像很多人想象的那么难，你只要拿出一点点的认真、一点点的执著，成功也就离你不远了。只要懂得这个道理，你的理想离你还会远吗？

大海与家

很久很久以前，东部沿海有一个小渔村，每天清晨，当太阳射出万道霞光的时候，渔民们就扬帆出海了。

渔民们终年辛勤劳动。有时，为了让附近村镇的居民能吃上鱼，他们常常要冒着生命危险去深海捕鱼。

每当他们到远海开辟新的渔场时，一些船免不了会触礁沉没，船上的人也会因之送命；有时，海上掀起狂风巨浪，也会使一些渔船葬身海底。每每传来渔民遇难的消息，那些茅屋里就会传来撕心裂肺的哭声，十分悲惨。浩瀚的大海虽然常常威胁他们的生命，但是，对渔民来说，大海仍然有着巨大的吸引力。

不管有多大的风险,他们总是照常下海捕鱼。

一天,吉姆的父亲在海里淹死了。出海归来的渔民来到吉姆家,对他母亲说,他父亲的船被海浪吞没,他遇难了。

他们想尽办法,但是只找到了他的船,吉姆和母亲悲痛欲绝,痛哭了很长时间。

但第二天,吉姆就把船交给修船人,不到一个星期,修船人就修好了父亲的船。

晚上,吉姆到市场去买渔网,碰到了地主的儿子汤姆。吉姆同他关系很不错,每次碰到他,总要闲聊一会儿。汤姆问道:"怎么,又买网子?"

"是的,明天我将驾着父亲的船去捕鱼,你去吗?"

"什么?出海?不去,我害怕。"

"害怕?有什么好怕的?"

"当然是怕大海,你忘了你父亲是怎么过世的?"

"当然没有,可那又怎样?"

"你不害怕吗?"

"有什么好怕的呢?我是渔民的儿子,渔民是从不怕大海的。"

"那么请你告诉我,你祖父是做什么的?"

"他也是渔民。"

"他是怎么死的?"

"他出海时遇上了狂风巨浪,再也没有回来。"

"你曾祖父呢?"汤姆惊奇地问道。

"也死在海里了。他更加敢于冒险,他驾着船,绕过科伦坡,到印度东海岸去采珍珠,潜入水里后,再也没有上来。"

"奇怪!你们是怎么回事?一个个都死在海里,却还要下海捕鱼。"汤姆惊叹不已地说。

轮到吉姆问汤姆了。他挠挠头,问道:"我听说你父亲最近也去世了,他死在哪里?"

"他是在睡觉时死去的,他年纪已经很大了,当仆人去叫他起床时,发现他已经断气了。"

"你祖父呢?"

"他也活了一大把年纪,最后病死在家里。"

"你的曾祖父呢?"

"我听说他卧病很久,也是死在家里。"

"我的天哪!他们都是在家里死的,而你现在还住在那个家里,难道你就不害怕吗?"

如果永远躲在安乐窝中,就永远没有机会品尝到奋斗与冒险的快乐。

心灵感悟

人的一生就是冒险与奋斗的过程。如果一个人没有经过生命的磨砺,没有体验过奋斗的艰辛,没有尝过冒险的兴奋,那他的一生是不完整的,是有缺憾的。所以,请把冒险与奋斗看做生命的一部分,因为它们会给你带来不一样的快乐。

价值百万的简单创意

艾维·李是现代公关之父,他认为应该计划好每天的工作,这样才能带来效益。比如他的一次卖思维案例就非常出色。

韦伯利恒钢铁公司总经理西韦伯,为自己和公司效率极低而十分忧虑,就找艾维·李提出一个不寻常的要求:卖给他一套思维,要李告诉他如何能在短短的时间里完成更多的工作。

李说:"好!我十分钟就教你一套至少可以提高效率百分之五十的方法。"

"把你明天必须要做的最重要的工作记下来,按重要程度编上号码。早上一上班,马上从第一项工作做起,一直做到完成为止。再检查一下你的安排次序,然后开始做第二项。如果有一项工作要做一整天,也没关系,只要它是最重要的工作,就坚持做下去。如果你不建立某种制度,恐怕连哪项工作最重要你也难以决断。请你把这种方法作为每个工作日的习惯做法。你自己这样做了之后,让你公司的人也照样做。你愿意试用多长时间都行,然后送支票给我,你认为这个办法值多少钱就给我多少。"李给了西韦伯一张纸说。

西韦伯认为这个思维很有用,不久就填了张两万五千美元的支票给李。后来西韦伯坚持使用这套方法,在五年时间里,韦伯利恒钢铁公司就成为最大的不受外援的钢铁生产企业,而且多赚了几亿美元,他本人成为世界著名的钢铁巨头。

后来西韦伯的朋友问他为什么给这样一个简单的点子支付这么高的报酬,西韦伯提醒他的朋友注意:后来的事实证明,我不是给多了,而是给少了,它至少价值百万。这是我学过的各种所谓高深复杂办法中最为得益的一种,我和整个班子第一次拣最重要的事情先做,我认为这是我的公司多年来最有价值的一笔投资!

著名投资大师巴鲁克曾说过:"我遭受过多少次失败,犯过多少次错误,以及我个人生活中做过多少次的蠢事,都是由于我没有先思考就行动的结果。"据说,后来他用了此方法,如鱼得水,最终成为华尔街股市的风云人物。

艾维·李的方法告诉我们,做任何事情都要有计划性,要分清轻重缓急,然后全力以赴地付诸行动,这样才能获得成功。西韦伯已经理了单,不需要我们再支付巨额的使用费,我们只管放心地使用这个简单而有效的创意就行了。

心灵感悟

看完了这篇文章,大家知道价值百万的简单创意是什么了吗?对了,就是做任何事情都要讲究计划性,分清轻重缓急,把最重要的事情先做完。最重要的事情,就算要做一天也没关系。

为什么要把最重要的事情先做完呢?因为每个人一生的时间是有限的,一天的时间就更有限了。古语云:"一寸光阴一寸金,寸金难买寸光阴。"要有效地利用我们有限的光阴,就要把最重要的事情做完。把最重要的事情完成了,也就意味着我们把当天的时间最有效地使用了,光阴才没有被白白浪费掉。这个创意虽然很简单,却很有价值,只要我们好好利用这个简单的创意,我们必将从中收获许多。

最后的手势

这是我丈夫斌给我上的最后一课,这一课没有一句话语,仅仅只是一个手势,那么苍凉的一个手势。

斌是一位教师，在大学执教六年。1991年在一次例行检查中发现了肝癌。这个噩耗几乎把我们全家击倒了。以后的日子，我们为生命出征，跑遍于上海、北京的每一个大医院，与病魔整整抗争了一年。可是，癌细胞还是不可抗拒地吞噬了他的全身，生命危在旦夕。我们撤回武汉，在生他养他的地方做最后的固守。这段日子，每分每秒，我都守护在他身边，寸步不离。

一个周末的傍晚，斌的同事——武汉城建学院的老师们，前来医院探望他，几度昏迷又醒来的斌，显得格外兴奋。

等热切的关怀和慰问之后，大家围在斌的床前漫不经心地讲一些学校的趣事。气氛轻松、诙谐。我知道，老师们是在竭力以笑来安慰斌。斌也在笑，他笑得虽然吃力，但很开心。只有两位年轻的女教师，在笑声里逃到走廊上去抹眼睛。我的心被这阵阵笑声割成了碎片。我在心底里感谢老师们苦心经营，带给斌的那份为数不多的快乐。

说笑间，斌的眼睛从老师们的身上一一凝视、扫过。这是他朝夕相处共事六年的亲密战友啊。泪水在他深陷的眼眶里打转……

突然，斌的两只噙满了泪水的眼睛牢牢盯在童老师胸前，一动不动。接着他又用尽全力从被子里抽出那只尚能动弹的左手，费力地招呼童老师过去。童老师愣愣地站在斌的床前，神情凛然。斌的左手努力向童老师胸前伸去，宽大的衣袖随着手臂的上举滑落下来，枯瘦如柴的臂膀裸露在空中……苍白无力的手指，颤抖着，好像要去抓握什么。我赶忙上前托住斌的手，童老师也急忙俯下身去。

老师们都怔怔地注视着这一幕。病房里一片寂静，只有斌急促的喘息声。涔涔汗水在他的额上流淌。

在我的帮助下，斌吃力地欠起身子，终于，那只手触摸到了童老师夹克衫上那枚红色的小商标。此时，斌的两眼放射出一种奇异的光芒，似乎要把所有的生命力都聚集在这两眼中，要看出那枚商标的灵魂来。

对此，老师们大惑不解，童老师愣了半天才惘然又带几分自嘲地笑着说："哦，次品……这是冒牌的次品……"他边说边不停地拉扯着自己的衣襟。

"哗……"病房里爆发出一阵哄笑。

童老师满脸羞红，为他这件冒牌的夹克衫。

斌没有笑，他吃吃地望着老师们，目光茫然得像一个孩子。我费了好大的力气才把他那僵在空中的手扳回被窝里去。

老师们走后，我俯在斌的耳边轻声问斌，是不是想要一件档次好点的夹克衫。不料，斌的反应和回答，让我尴尬又羞愧到了极点。

他听了我的问话，先是一声长长的喟叹，接着是紧蹙着眉摇头。他那不被人理解的沮丧神情，吓得我不敢再冒失地提问。

一阵疼痛袭来，斌又昏迷过去。我却陷落在深深的悲哀里，我的斌在生命的最后时刻，眷顾的到底是什么呢？

享受着健康生命的人和即将告别生命的人，想法是多么不同啊！即使彼此那么相爱着的人，心灵也无法接近。

夜幕降临，一轮圆月挂在窗外的枝头。再度醒来的斌似乎感觉到了我的不安和伤心。他咧嚅着嘴唇，却说不出一句话来，我把左手摊放在他的面前，用右手轻轻握住他的手指，帮助他慢慢地画着。这是我们最后交流的唯一方式。

"横，竖，撇，捺……"我凭着肌肤的感觉，连蒙带猜地复述着。一笔又一笔，斌的指尖颤抖着，额头沁满了汗珠。一遍又一遍，写写停停，不知是第几百几十几遍，我只记得是三天以后的清晨，斌一觉醒来，用尽全力和智慧在我的手上清晰地画出两个字来。

当我跳起来大声喊出"校徽"二字的时候，我激动得差点晕过去。我紧紧地拥抱斌，泪水在我俩的脸上横流。

哦，"校徽"。你让一个生命垂危的人，倾注了怎样的力量来凝视你，抚摸你，书写你！

几天后的一个早晨，恍惚中我听见了斌在痛苦地呻吟。这些日子，斌常痛得死去活来，但他咬紧牙关，一声不吭，这是他的性格，一个不轻言屈服的人。可今天，他竟叫出声来，我预感到他生命的尽头来临了。我和另一位老师慌忙为他穿衣，这是一件早就准备好了的、他最喜爱的白色T恤衫。当我把一枚"校徽"别在他胸前的时候，我发现他眼睛里闪过一个兴奋的亮点。他不再那么扭动了，身子渐渐平静下来……我们几个人就那么默默地围在他的床边，没一会儿，他就静静地闭上了眼睛……

十年来，斌那个僵在空中的手势一直定格在我的面前，那样苍白、凄凉，又是那么凝重、庄严。

这就是我的先生斌给我人生的最后一课，它书写在我的手掌，也写在我的心里，它叫我感到一个教师的神圣和至高无上，以至在以后的日子里，无论生活多么艰难，经济多么拮据，我都固守在教师岗位上，不言退却。

心灵感悟

　　每个人都有自己为之奋斗的岗位，生命不已，奋斗不息。岗位就是人生的定位，是你一生奋斗的结晶，也是你为这个社会奉献的唯一证明，因此，请珍惜你的事业，它是创造财富与爱的源泉。

里茨和他的饭店

　　学英语的时候，有一个非常有用的俚语，Very rizy，这个词就是因为世界闻名的里茨饭店创办人里茨（Ritz）而产生的。坐落于巴黎市中心的里茨饭店是1898年创办的，现为英国已故黛安娜王妃男友的父亲穆罕默德·法耶兹所有，他于1979年斥资1.8亿法郎收购，又花了十倍的钱进行彻底的修葺和装饰，是世界最豪华的酒店之一。

　　塞萨尔·里茨出生在瑞士的一个山村，16岁时，到附近的一家饭馆餐厅打工，几个月以后，他被解雇了。老板对他说："干旅店这一行，得有一种天赋，一种与生俱来的能耐。在你身上，我却一点儿也找不到。"

　　倔强的里茨到另外一个旅馆去做工，没有多久再次被辞退了。一年以后，他到了巴黎，先后在两家旅馆打工，又被辞退。"莫非我真的不适合在旅馆工作。"里茨对自己也产生了怀疑。他来到了梅德雷因附近的一家小饭店，决定挣够旅费就回家。

　　在这里，他的命运发生了转机，他的事业从他的第五份工作起步。他从一个打杂的升为服务员，最后升为经理，因为他工作热情主动，总是提出很多有创意的点子。

　　1874年，里茨来到坐落在阿尔卑斯山下的里奇库伦大饭店做经理，在这里，他遇到了他在饭店经营史上最严重的一次危机。有一天，供暖设备发生故障，餐厅里的温度下降到零摄氏度。几乎是同时，传来一个消息：40位美国大亨要来这儿用餐。里茨下令把餐桌摆到客厅里，客厅有红色的窗帘，看上去暖和一些。他在炉灶里烧上四十块红砖，把一直是用来放棕榈树的四个大铜盆倒满酒精，烧得烈火熊熊。当宾客们到来的时候，屋子里已经相当暖和，每位客人的脚下，都放着一块用法兰绒裹着的热砖头。

端上来的食品是冬季最受欢迎的佳肴,第一道是热气腾腾的清炖肉汤,最后一道是火烧白兰地油煎饼。40位客人吃得身内身外无一处不温暖,对这位年轻的经理赞不绝口。

瑞士卢塞恩的一家大饭店因为经营不善,处于每况愈下的赔钱境地,里茨受聘担任总经理后,把长期以来只停留在头脑中的饭店管理理论付诸实施。他认为,为了能使顾客高兴,没有什么小事不屑一做,也没有什么大事不敢去做。只花了两年时间,这位27岁的瑞士农民创下了奇迹,饭店转亏为赢了。

1898年,里茨回到巴黎,他在旺多姆广场上开设了一家在里茨所有饭店中最大的饭店。他希望在这里就餐的人,能在饭店一边聊天,一边喝着茶或咖啡,所以在附带的花园中设置了一应俱全的桌椅。他摒弃了在墙上装裱墙纸的老式做法,用油漆漆墙。在此之前,所有大饭店的房间都不设浴盆,里茨在卧室里安装了私用浴盆。

在里茨饭店,里茨还规定了服务员的服饰:男服务员佩戴白色领带,服务部领班佩戴黑色领带,侍者佩戴铜纽扣。以后,这也成为一些饭店的传统服饰。

里茨生活的时代,妇女开始从家庭走向社会。里茨初到伦敦时,还没有一个大家闺秀敢于公开出入餐厅。里茨登门拜访一些贵妇人,说服她们到萨伏依、卡尔登、克拉里奇或者里茨(所有这些饭店都曾为里茨所有或经营过)饭店用餐,慢慢地,妇女上高档饭店就餐逐渐成为一种时髦的社会风气。

在经营上,里茨尽力为用餐的女宾提供最好的条件,采用柔和的灯光,使她们看上去容光焕发,使她们的服饰显得光彩夺目。

他为宴会安排了席间音乐,这是饭店业中的首创。

对于饭店常客的个人资料包括身高、爱好、生活习俗,里茨心中都记着一本账,而且他还要求他的服务员们也做到这一点。当服务员没能向顾客提供准确的一次到位的服务时,他认为这不是客人的苛求,而是服务员的素质问题。他对服务员的要求是:"顾客永远是对的。"这句话由他最早提出,而成为通用于服务业及整个商业领域的普遍原则。

"人们喜欢有人服侍,"里茨经常这样说,"但是要不露痕迹。"他把他的服务方法归纳为四点:看在眼里而不形于色,听在心中而不溢于言表,服务周到而不卑躬屈膝,想人所想而不妄作主张。

塞萨尔·里茨的一生,是一个天才的成长史。里茨的文化程度充其量只是懂得一些简单的加减乘除,但他改变了世界酒店业发展的历史,他使酒店经营成为一门艺术。

心灵感悟

机遇对于每个人都是平等的,不要妄自菲薄,只要用心去做就能够成功。没有天生的强者,只有迎难而上的人才有勇气去挑战生命的极限,从而把握住成功的机会。

百分之一的希望

如果别人告诉你,只有百分之一的希望,那么你会认为它是有希望,还是没希望?

战时在桂林,等车非常困难。有一天在马路上看到一张小招贴,说有一部车子开往昆明,还有三个空位。招贴上的日子已经过了好几天了,哪里还有什么希望。谁知正是人人看了都以为没有希望的这三个位子,居然还有两个空着,正等着我和一个女同学——两个抱着何妨一试的心理去碰碰运气的人。然而,就是有了这次长途旅行,那位女同学变成了我的妻子。

又有一次,我的一个朋友急于要去某个城市,而交通却极其不便,等好几个月也难得有一次机会。终于我听到一个消息,我服务的那家公司买了两部新车,正好要开到那个地方去。我赶快去找运输部的主任,可是,他对我说:

"迟了,太迟了,老早都满了,都是我们自己公司的家属。"

我没有立即走开,我尝试着去捕捉那个看不见的希望。就在我临走时,他说:"这样吧,你让你那个朋友明天一早带着行李来,如果临时有人没来,他就可以走了。不过,这只是百分之一的希望。"

回去之后,我问朋友们:"你们说,这件事到底有没有希望?"

"百分之一的希望就等于没有希望。"

"希望就是希望,无所谓百分之一、千分之一。"

我呢,一个晚上没有说话,这两种观念不断地在我心中斗争着,而一个人对于明知没有希望的事，是很难提起劲儿去做的。

第二天，我起得很早，天还没亮。我们决定去试一试，只当做一次演习好了。我们要走很远一段路，还要扛着行李。一路上我们都不想讲话，一个不知成败的等待盘踞在我们心中。我们紧张而又沉静地等着，等着。两部车停在街边，要走的人一批跟着一批来了，大家都充满了兴奋，只有我跟我的朋友不断地看着手表。

已经到开车的时间了，我们只等车子开动，证明我们的希望是完全破灭了。

正在这时，那个主任过来了，大声向我说："你的朋友呢，叫他赶快交费吧，有一个人没有来，我们再等一刻钟，如果他还不来，那就是你朋友的了！"

我们交了钱，却还不能高兴，反而更加紧张。要是那个人最终赶到了呢？

漫长的一刻钟之后，终于，我的朋友上了车。回去之后，朋友们都惊异、怀疑，说我在撒谎。这时我才知道他们全体都不相信这是可能的，包括那个说"希望就是希望"的人在内。虽然如此，我还是非常感激他那句话：

希望就是希望，无所谓百分之一、千分之一。

心灵感悟

希望与绝望是一对孪生子，当你本来绝望的时候，不要忘记，希望也在那里。只需要一点儿耐心与一点儿信心，希望就会来到你面前。

让梨

有弟兄俩，是双胞胎。弟兄俩不但相貌长得像，还有一个共同的爱好，都特别爱吃梨。

有一天吃过晚饭，母亲拿出来两个梨，一个大梨，一个小梨。弟兄俩嗷嗷叫着，就要扑过去抢那个大梨吃。母亲连忙拦住他俩说："你们俩都听说过孔融让梨的故事吧？"弟兄俩一齐点点头，母亲接着说："人家孔融4岁就能让梨。你们俩今年都8岁了，也该学学孔融让梨了吧？"弟兄俩又一次点点头。

母亲先问哥哥:"你是哥哥,你先说,你想吃大梨还是小梨?"

哥哥看了看桌子上那个黄澄澄的大梨,又看了看母亲和弟弟,说:"你让我说实话还是说瞎话?"

母亲说:"当然说实话!"

哥哥使劲儿吞咽了一口唾沫,用手指着那个大梨结结巴巴地说:"我当然想想……吃……吃大的……"

"啪"的一声,哥哥的脸上挨了一巴掌。

母亲转回头又问弟弟:"你说,你想吃大梨还是小梨?"

弟弟看了看桌子上那个黄澄澄的大梨,狠狠地咽了一口唾沫,说:"我想……"话说了半截,当弟弟看到了哥哥泪流满面的脸和脸上五个红红的指头印,立刻伸手拿起了那个小梨,说:"我是弟弟,大梨让哥哥吃吧!"

哥哥听了,咧开嘴笑了,脸上的泪也顾不得去擦,伸手就去拿大梨。

"啪"的一声,哥哥的脸上又挨了一巴掌。

母亲从桌子上拿起大梨,塞到弟弟手里,又从弟弟手里夺过小梨,塞到哥哥手里,对弟兄俩说:"记住:想占便宜的人,往往占不到便宜!"

哥哥看了看自己手中的小梨,又看了看弟弟手中的大梨,显出一脸的无奈。

过了几天,吃过晚饭,母亲又拿出来两个梨,仍然是一个大梨,一个小梨。母亲对哥哥说:"今天还是由你先挑,你说吧,想吃大梨还是小梨?"

哥哥说:"让我说实话还是说瞎话?"

母亲说:"当然说实话!"

哥哥毫不犹豫地说:"我想吃大的。"

"啪!"哥哥的脸上挨了一巴掌,"我再问你一遍,想吃大梨还是小梨?"

"大梨!"哥哥的脸上很快显出五个红指头印,可这次哥哥却忍住了,没有哭。

母亲失望极了,转回头问弟弟:"你呢?你想吃大梨还是小梨?"

弟弟害怕极了,用手悄悄地指了指那个小梨,又赶快把手缩了回来。

"好孩子。"母亲说着,把大梨塞到了弟弟的手里,自己拿着那个小梨吃了起来。吃完梨,母亲对弟兄俩说:"记住:想占便宜的人,有时候反而吃亏!"

20年后,弟兄俩长大成人。

哥哥做了法官,说出的每一句话都代表法律的尊严。

弟弟却成了诈骗犯,说出的每一句话都是美丽的谎言。

在庄严的法庭上,法官哥哥问罪犯弟弟:"什么时候学会了骗人?"

罪犯弟弟想了想,说:"从那次让梨……"

心灵感悟

同胞兄弟俩不同的命运结局,就像一面镜子,艺术化地折射出我们的家族教育存在着的缺陷,即重道德知识灌输,轻道德行为养成。这也许是这篇作品要探讨的根本问题。

小提琴的力量

每天黄昏,我都会带着小提琴去尤莉金斯湖畔的公园散步,然后在夕阳中拉一曲《圣母颂》,或者是在迷蒙的暮霭里奏响《麦绮斯冥想曲》,我喜欢在那悠扬婉转的旋律中编织自己美丽的梦想。小提琴让我忘掉世俗的烦恼,把我带入一种田园诗般纯净恬淡的生活中去。

那天中午,我驾车回到离尤莉金斯湖不远的花园别墅。刚刚进客厅门,我就听见楼上的卧室里传来轻微的响声,那种响声我太熟悉了,是我那把阿马提小提琴发出的声音。"有小偷!"我一个箭步冲上楼,果然不出我所料,一个大约十二岁的少年正在那里抚摸我的小提琴。那个少年头发蓬乱,脸庞瘦削,不合身的外套鼓鼓囊囊,里面好像塞了某些东西。我一眼瞥见自己放在床头的一双新皮鞋失踪了,看来他是个贼无疑。我用结实的身躯堵住了少年逃跑的路,这时,我看见他的眼里充满了惶恐、胆怯和绝望。就在刹那间我突然想起了记忆中那块青色的墓碑,我愤怒的表情顿时被微笑所代替,我问道:"你是拉姆斯敦先生的外甥鲁本吗?我是他的管家,前两天我听拉姆斯敦先生说他有一个住在乡下的外甥要来,一定是你了,你和他长得真像啊!"

听见我的话,少年先是一愣,但很快就接腔说:"我舅舅出门了吗?我想我还是先出去转转,待会儿再来看他吧。"我点点头,然后问那位正准备将小提琴放下的少年:"你很喜欢拉小提琴吗?""是的,但我很穷,买不起。"少年回答。"那我将这把小提琴送给你吧。"我语气平缓地说。少年似乎不相信小提琴是一位管家的，他疑惑地望了我一眼，但还是拿起了小提琴。临出客厅时，他突然看见墙上挂着一张我在悉尼大剧院演出的巨幅彩照，于是浑身不由自主地战栗了一下，然后头也不回地跑远了。我确信那位少年已明白是怎么回事，因为没有哪一位主人会用管家的照片来装饰客厅。

那天黄昏，我破例没有去尤莉金斯湖畔的公园散步，妻子下班回来后发现了我的这一反常现象，忍不住问道："你心爱的小提琴坏了吗？""哦，没有，我把它送人了。""送人？怎么可能！你把它当成了你生命中不可缺少的一部分。""亲爱的，你说得没错。但如果它能够拯救一个迷途的灵魂，我情愿这样做。"看见妻子并不明白我说的话，我就将当天中午的遭遇告诉了她，然后问道："你愿意再听我讲述一个故事吗？"妻子迷惑不解地点了点头。"当我还是一个少年的时候，我整天和一帮坏小子混在一起。有天下午，我从一棵大树上翻身爬进一幢公寓的某户人家，因为我亲眼看见这户人家的主人驾车出去了，这对我来说，正是偷盗的好时机。然而，当我潜入卧室时，我突然发现有一个和我年纪相当的女孩半躺在床上，我一下子怔在那里。那位女孩看见我，起先非常惊恐，但她很快就镇定下来，她微笑着问我：'你是找五楼的麦克劳德先生吗？'我一时不知说什么好，只好机械地点头。

'这是四楼，你走错了。'女孩的笑容甜甜的。我正要趁机溜出门，那位女孩又说：'你能陪我坐一会儿吗？我病了，每天躺在床上非常寂寞，我很想有个人跟我聊聊天。'我鬼使神差地坐了下来。那天下午，我和那位女孩聊得非常开心。最后，在我准备告辞时，她给我拉了一首小提琴曲《希芭女王的舞蹈》。

看见我非常喜欢听，她又索性将那把阿马提小提琴送给了我。就在我怀着复杂的心情走出公寓、无意中回头看时，我发现那幢公寓楼竟然只有四层，根本就不存在所谓的居住在五楼的麦克劳德先生！就是说，那位女孩其实早知道我是一个小偷，她之所以善待我，是因为想体面地维护我的自尊！后来我再去找那位女孩，她的父亲却悲伤地告诉我，患骨癌的她已经病逝了。我在墓园里见到了她青色的石碑，上面镌刻着一首小诗，其中有一句是这样的：'把爱奉献给这个世界，所以我快乐！'"

3年后,在墨尔本市高中生的一次音乐竞技中,我应邀担任决赛评委。最后,一位叫梅里特的小提琴选手凭借雄厚的实力夺得了第一名!评判时,我一直觉得梅里特似曾相识,但又想不起在哪里见过。颁奖大会结束后,梅里特拿着一只小提琴匣子跑到我的面前,脸色绯红地问:"布里奇斯先生,您还认识我吗?"我摇摇头。"您曾经送过我一把小提琴,我一直珍藏着,直到有了今天!"梅里特热泪盈眶地说:"那时候,几乎每一个人都把我当成垃圾,我也以为我彻底完蛋了,但是您让我在贫穷和苦难中重新拾起了自尊,心中再次燃起了改变逆境的熊熊烈火!今天,我可以无愧地将这把小提琴还给您了……"

说着,梅里特含泪打开琴匣,我一眼瞥见自己的那把阿马提小提琴正静静地躺在里面。梅里特走上前紧紧地搂住了我,三年前的那一幕顿时重现在我的眼前,原来他就是"拉姆斯敦先生的外甥鲁本"!我的眼睛湿润了,仿佛又听见那位女孩凄美的小提琴曲,但她永远都不会意识到,她的纯真和善良曾经是怎样震撼了两位迷途少年的心弦,让他们重树生命的信念!

心灵感悟

小提琴所传递出来的爱心、宽容与信任,对每个人的一生都有重大的影响。

独腿人生

应朋友之约,去他家议事。这是我第一次去他家。朋友住在城南一幢别墅里。别墅是为有私车的人准备的,因此,与世俗的闹市区总保持一段距离。我没有私车,只得乘坐公交车去。下车之后,要到朋友的别墅,若步行,紧走慢走,至少也要40分钟。眼看约定的时间就快到了,我顺手招了一辆人力三轮车。

朋友体谅我的窘迫,事先在电话中告知:若坐三轮,只需三元。为保险起见,我上车前还是问了价。"五元。"车夫说。我当然不会坐,可四周就只有这辆三轮车。车夫见我犹豫,开导我说:"总比坐出租车合算吧,出租车起价就是六元呢。"这个账我当然会算，可五元再加一元，就是三元的两倍，这个账我同样会算。我举目张望，希望再有一辆三轮车来。车夫说："上来吧，就收你三元。"这样，我高高兴兴地坐了上去。

车夫一面蹬车，一面以柔和的语气对我说："我要五元其实没多收你的。"我说："人家已经告诉我，只要三元呢。"他说，那是因为你下公交车下错了地方，如果在前一个站，就只收三元。随后，他立即补充道："当然我还是收你三元，已经说好的价，就不会变。我是说，你以后来这里，就在前一站下车。"他说得这般诚恳，话语里透着关切，使我情不自禁地仔细看了看他。他穿着这座城市经营人力三轮车的人统一的黄马甲，剪得齐齐整整的头发已经花白了，至少有五十五岁以上的年纪。

车行一小段路程，我总觉得有点不对劲，上好的马路，车身却微微颠簸，不像坐其他人的三轮车那么平稳，而且，车轮不是滑行向前，而是向前一冲，片刻的停顿之后，再向前一冲。我正觉得奇怪，突然发现蹬车的人只有一条腿！

他失去的是右腿。一截黄黄的裤管，挽一个疙瘩，悬在空中，随车轮面前"冲"的频率前后晃荡着。他的左腿用力地蹬着踏板，为了让车走得快一些，臀部时时脱离坐垫，身子向左倾斜，以便把所有的力量都用在左腿上。

我猛然间觉得很不是滋味，眼光直直地盯着他的断腿，盯着悬在空中前后摇摆的那截黄黄的裤管。

我觉得我很不人道，甚至卑鄙。我刚三十出头，有一百三十多斤的体重，体魄强壮，而他比我大二十多岁，身体消瘦，且只有一条腿，从他左腿并不肥大的裤管随风飘动的情形，我的喉咙有些发干，心胸里被一种奇怪的惆怅甚至悲凉的情绪纠缠着、笼罩着。我想对他说："不要再蹬了，我走路去。"我当然会一分不少地给他钱，可我又生怕被他误解，同时，我也怕自己的做法显得矫情，玷污了一种圣洁的东西。

前面是一带缓坡，我说："这里不好骑，我下车，我们把车推过去。"他急忙制止："没关系，没关系，这点坡都骑不上去，我咋个生活啊？"言毕，快乐地笑了两声，身子便拱了起来，加快了蹬踏的频率。车子遇到坡度，便顽固地不肯前行，甚至有后退的趋势。他的独腿顽强地与后退的力量抗争着，车轮发出"吱吱"的尖叫，车身摇摇晃晃，极不情愿地向前扭动。我甚至觉得这车也在鄙夷我！它是在痛恨我不怜惜它的主人，才这般固执的吗?车夫黝黑的后颈高高绷起一股筋来,头使劲地向前蹿,我想他的脸一定是紫红的,他被单薄的衣服包裹起来的肋骨,一定根根可数。他是在跟自己较劲,与命运抗争!

坡总算爬上去了,车夫重浊地喘着气。不知怎么,我心里的惆怅和悲凉竟然了无影踪。我在为他高兴,并暗暗受着鼓舞。在我面前的,无疑是一个强者,他把路扔在后面,把坡扔在了后面,为自己"挣"来了坦荡而快乐的生活。

待他喘息稍定,我说:"你真不容易啊!"

他自豪地说:"这算啥呢!今年初,我一口气蹬过八十多里,而且带的是两个人!"

我问怎么走那么远?

他说:"有两个韩国人来成都,想坐人力车沿二环路一趟,看看成都的风景。别人的车他们不坐,偏要坐我的车。他们一定以为我会半路出丑的,没想到,嘿,我这条独腿为咱们成都人争了气,为中国人争了气!"

我不知道该说什么好,既心酸,又豪迈,是那种近乎悲壮的情感。

车夫又说:"下了车,那两个韩国人流了眼泪,说的什么话我不懂,但我想,他们一定不会说我是孬种。"

不由自主地,我又看着他的那条断腿。我很想打听一下他的那条腿是怎么失去的,可终于没有问。事实上,这已经无关紧要了。他已经断了一条腿,而那条腿支撑起了他的人生和尊严,这就足够。我想,如果那条断腿也有在天之灵,它一定会为它的左腿兄弟感到骄傲,一定会为它的主人感到自豪。

离别墅大门百十米远的距离,车夫突然刹车。"你下来吧。"他说。

我下了车,给他五元钱。

他坚决不收,"讲好的价,怎么能变呢?你这叫我以后咋个在世界上混啊?"

我没勉强,收回了他找我的两元钱。

我正要离去时,他不好意思地说:"我本来应该把你送拢的,可那是一幢高级别墅,往别墅去的人,至少应该坐出租……我怕被你朋友看见……"

我的眼泪流了下来,我天生是不大流泪的人。

朋友果然在大门边等我。他望着远去的车夫说:"你为什么不让他送拢?那些可恶的家伙总是骗一个是一个!你太老实了。"

议完事，朋友留我吃饭，我坚决拒绝了。

我徒步走过了那段没有公交车的路程。我从来没有与自己的两条腿这般亲近过，从来没有觉得自己的两条腿这般有力过。

心灵感悟

用独腿艰难地跋涉在求生的路上，他的生命是值得同情的。但是，他崇高的精神境界更值得正常人学习。

一颗图钉

小米在总经理办公室外等待应聘接谈的时候，忐忑不安，就用硬币占卜：徽面受聘，字面不聘。三次都是抛的徽面。小米心存一分侥幸和欣慰。

轮到小米接谈了，阴差阳错，小米一走进总经理办公室，突然打了一个大喷嚏。总经理皱了皱眉头，脸色阴沉起来。小米心慌意乱，想好的谈话内容早忘到爪哇国去了，结结巴巴谈了一通。她看见总经理已对她的谈话不感兴趣，在自顾自地揉着太阳穴。小米心更慌了，语无伦次。总经理委婉地下了逐客令，小米的泪水在眼眶里打着转儿。

该死的喷嚏！小米恨得牙痒痒的，眼看有些希望的受聘机会被喷嚏搅黄了。小米到深圳闯世界的三个多月里，已是第49次求职受挫了。她疲惫不堪、精神沮丧，连下楼的劲儿都没有了。

此时，小米真想站在楼梯间里号啕大哭一场。但深圳不相信眼泪，哭也白搭，只会让人瞧不起你。真是鬼迷心窍，小米在内地一家市直机关吃皇粮挺安逸的，忽然心血来潮，想跳出人浮于事、臃肿不堪的机关，要破釜沉舟到南方去闯荡一番。

小米的父母苦劝，小米的男朋友力阻，都没能动摇小米南徙的决心。别看小米是个妩媚温柔的女孩，倔起来却如犟牛。父母无奈，只得串通小米的男朋友，将小米反锁在房间里软禁起来，想让小米冷静下来，打消她的念头。小米去意如磐，心已展翅，翻窗跳楼，背起简单的行囊，终于乘上了南行列车。

到深圳后，小米才发现这儿美女如云，人才如林，求职者更是摩肩接踵熙熙攘攘。小米貌不惊人、才不出众，在深圳的硕士博士多如牛毛，哪儿还轮得上她这样的夜大毕业生。她屡次碰钉，吃闭门羹，把身上的盘缠几乎都花光了，眼看要沦落到盲流乞丐的窘境，被送到收容遣返所去了。

小米一阵晕眩，急忙扶住楼梯扶手才没跌倒。她想起来了，昨晚失眠了，天快亮时才睡着。早晨醒来，时间不早了，顾不得吃早餐，就往应聘的单位匆匆赶路。

又急又饿，自然晕眩。小米在低头的瞬间，看见了一颗图钉。她怕这颗图钉扎伤行人的脚，就把它拾起来，扔进了垃圾箱。

就在小米转身要离开时，总经理办公室的门开了，秘书小姐笑吟吟地跑出来，喊住小米："米小姐，请留步！总经理叫你！"

小米一愣，疑惑地随着秘书小姐进了总经理办公室。

总经理说："恭喜你，米小姐，你被聘用了！"

小米简直不敢相信自己的耳朵，以为是幻觉。

总经理说："你一定会感到奇怪，我为什么突然改变了主意。不瞒你说，你已经通过了我的特殊考试！"

小米如坠五里云雾："什么特殊考试？"

总经理叫秘书放了一段录像带，小米看见了自己拾起图钉扔进垃圾箱的镜头。小米备感蹊跷："这算什么特殊考试？一件小事嘛……"

总经理喟然叹道："唉，如今的年轻人越来越不注意这种小事了！我年轻的时候，也曾八方求职四处碰壁。

一次，我去一家银行求职受挫，下楼时，我看见了一颗图钉，就拾起来扔进了垃圾箱。

这一小事恰好被行长撞上了，他大受感动，就聘用了我。这次招聘，我叫人在办公室周围放了十几颗图钉，暗地里用录像机监视，几天来只有你细心地拾起了它。我的公司里就需要你这样的人！"

心灵感悟

许多人都要努力读书、努力"充电"、努力提高自己的素质时，却忽视了更重要的东西——好习惯。

石油大亨戒烟

美国石油大亨保罗·盖蒂是世界知名的大富豪，他拥有的资产令无数人羡慕不已。年轻时的他酷爱抽烟，是个闻名遐迩的大烟鬼，一天能抽掉好几包烟，烟瘾一来就抵挡不住，常常是没有一根烟叼在口中就无法忍受。

有一次，他去外地办事，住在一个小城的旅馆里，很快就进入了梦乡。半夜两点钟，盖蒂醒来，想抽一根烟，打开烟盒一看，烟盒是空的，而此时旅馆的餐厅、酒吧早已关门了，唯一得到香烟的办法是到几条街外的火车站去买，而那时天还在下着大雨。

越没烟，烟瘾就越大，让他难以忍受。而且，他一向认为人应该善待自己，对自己随时出现的欲望总是会想尽一切办法来满足，这样才是会享受生活。所以，在对待吸烟的问题上，尽管已有许多人劝他少抽烟甚或戒掉，他都不答应，顽抗地拒绝一切建议。按照他一贯的做事风格，盖蒂脱下睡衣，穿好了衣服准备出门，一切准备停当。

然而就在他伸手去拿雨衣时，他突然停住了，一个问题不经意间占据了他的头脑：我这是在干什么？

盖蒂站在那儿寻思，去还是不去？心中的一个他说：不去！我是一个所谓的知识分子，而且是相当成功的商人，一个自以为有足够理智对别人下命令的人，为何竟有如此可笑的举动？竟要在深更半夜离开旅馆，冒着大雨走过几条街，仅仅是为了要一根烟？难道自己竟是如此懦弱，让一支烟主宰自己？而自己对这个懦弱的自我，甚至只有屈膝投降吗？另一个他则说：去！为什么不去？既然自己想抽烟，就去买，不管有什么困难，想做就做，不就是下着雨吗？

对此，他犹豫不决，不知道到底应该怎么办，这种情况以前是从来没有发生过的，以前，他肯定想都不用想就走出去了。现在，他的心中受到从未有过的震撼，对自己有了更深刻的认识。很快盖蒂下定决心，将废弃的烟盒揉成一团愤愤地扔进了纸篓，他怎么能为了一支烟做出这样的蠢事呢？于是他换上睡衣回到床上，酣然入睡。

不仅如此，经历这次事件后，保罗·盖蒂再也没抽过香烟。他回想了自己以前打着善待自己的幌子做过的一些事情，现在看来有的竟是如此可笑。进而，他深入地剖析了自己，看到了自己的性格缺陷，自己的内心有时竟是如此懦弱。他决定改变这一切。此后，他以坚强的意志战胜了曾经懦弱的自己，相反事业越做越大，成为世界顶尖富翁之一，而且身体也很好，到了八十多岁的高龄，还能通宵加班。

心灵感悟

如果你是他，会怎么办？你能战胜你自己吗？你能当好你内在的主人吗？你是不是也时常放纵自己，满足自己，善待自己呢？殊不知，每天多睡一分钟，多吃一小口，多发一会儿呆，多磨蹭一下。都是对自己的妥协，长此以往，一切成为自然，自我妥协的因素已深深地烙刻在你的心中，成为你走向成功的绊脚石。细想起来，让你难以成就大事的竟然是生活中的点点滴滴，细微之处显性情，要征服自己，要做自己的主人，首先就得有一分内在的自主。应该自己把自己照亮，从自己身上寻找力量——以己为靠。唯有如此，才能获得生命中的成功，唯有做自己的主人，才能主宰一切。

跳过心中的沟

那一年，他的心随着春天的到来一直在蠢蠢欲动，心底有种蛰伏已久的欲望在折磨着他，他一直在进退权衡间度过。他在一家机关工作，待遇不算低，工作不算坏，但是也不能算特别好。每天的工作很清闲，在旁人看来，他的生活不错，他有时也是这么认为的。但是，在一张报纸和一杯清茶之余，他也还有些残留的梦想。如果这样的生活要过一辈子，他又有些心不甘，看着身边的一些好朋友进外企、下海经商，他那颗还算年轻的心也忍不住骚动。

他也想试着重新起飞，想去外面的世界闯一闯。但是现实的生活中，有太多的压力和顾虑：他已经过了不惑之年，自己都怀疑自己能否吃得了那份苦，一切都得从头开始，其中要饱尝的辛酸苦辣自然是少不了的；离开了机关那份旱涝保收的收入和福利，他有一种没有安全感的恐惧，对于能否干出点名堂来他心怀猜疑；他想去外企，可是有些畏惧外语和高学历的门槛，那里可是人才济济，竞争异常激烈呀……

在这种犹犹豫豫之间，他感觉身心疲惫，需要放松一下，否则，在没有最终决定之前，他会崩溃的。

周日，他和一个朋友去郊外爬山。眼看太阳就要落山了，他们还在山顶，如果原路返回还需要两到三个小时的时间，那时，天就黑了；如果走另外一条捷径，不到一个小时就可以下山，但是要跨过一条小沟。那小沟大概有几米深，沟里是潺潺的溪水，黄昏里发出的那种响亮而空洞的声音让人想到不慎失足掉下去的惨烈。他们在沟前犹豫了很久。天，一点一点地暗了下来。这时候一个女孩站了出来。她拿了一根树枝在沟之间比画了一下，然后放在地上，说："沟就是那么宽的距离，大家跳跳试试看。"大家很轻易就在平地上跳过了那个和沟宽差不多的距离。但是面对溪水哗哗的小沟，有人还是犹豫。女孩第一个跳过去了。大家相互鼓励着，一个个也都跳过去了，包括他。

他们很快就下了山。而且，在新的道路上，他们还发现了一大片粉红嫩白的桃花。在这样一个落英时节，那绚烂的色彩不能不算是一道令人惊喜的风景。而下山没多久，下雨了，又大又急。大家都笑着说，那小沟并没有我们想象中的可怕嘛！可怕的只是我们心中的想象。我们一抬腿，不就过来了吗？而世事难料，安全也不是绝对的。如果我们当时选择熟悉的那条路回来，说不定都成了落汤鸡了。

那次经历给他留下了深刻的印象，他总是会想起那次郊游，想起那个小沟，想起那片美丽的桃花林，很快，他就辞职去了上海。他先是按照自己的愿望，去了一家外企。几年过去了，他又遇到了各种各样的沟沟坎坎。每次面临进退的选择，他也还会有恐惧和疑虑。其实，跳过去，跳过心中的那道沟，就那么简单，机会有时候是隐藏在可能失足的沟壑里的。人需要的只是那一抬腿的勇气。

他最终跳过了自己心中的那条沟。试想，如果他当初惧怕失败，不冒风险，求稳怕乱，平平稳稳地过一辈子，虽然生活"比上不足，比下有余"，可靠，安稳，但那是多么的无聊，更重要的是，埋葬了自己一生的梦想。与其平庸地过一辈子，不如轰轰烈烈地干一场。

心灵感悟

现实生活中，许多人做事没有成功，埋怨没有机遇，没有资金，没有发展的空间，其实，根本的原因在于他们缺少做事的魄力，缺少冲出自筑的藩篱的勇气，从而把追求理想的美梦紧闭起来。魄力，沉睡在人体内，一旦被唤醒，人就会做出许多神奇的事情来。

口吃的女孩

有个女孩生性胆怯，因为她有些口吃。其实并不严重，但她长期生活在自卑的阴影之中，脑海里时时浮现出老师轻蔑的眼神和自己在课堂上的尴尬场面，耳畔时时响起同学们的嘲笑声，长此以往，她的缺陷越发明显。虽然她的声音很好听，她的理想是当播音员或演讲家，在准备很充分的情况下，在不紧张时她的表现非常好，几乎听不出来她的缺陷。如果她主动告诉别人，别人会显出很惊讶的表情，说："不会吧，我怎么没听出来呢？你演讲得很不错啊！你在重要场合是太怯场了吧！"事实上，每当她站在讲台上时，面对台下众多的听众就会控制不住自己，结结巴巴。

因此，她错过了很多发展的机会。她感到很痛苦，常常独自舔拭伤口。

后来，在一位朋友的引荐下，她去拜访一位成功的长者。她把内心的苦恼倾诉给那位长者，然后恳求道："您在我认识的人中，是最有才智的一位，您可以给我指条成功的路吗？"

长者微笑地听着，说道："对自己说：我能行。"

女孩犹豫了一下，缓缓开口说："我能行。"

长者说："用心再说一遍。"

女孩顿了顿，大声说着："我能行。"

长者说："再来一遍。"

突然，女孩用劲大喊了一句："我能行！"

那位长者意味深长地说："以后，经常对自己说这句话。永远不要对自己说'不能'。"

此后,那个女孩终于克服了自己的缺陷,屡屡在学校的演讲比赛中获奖,学习成绩扶摇直上,最终如愿以偿地考取了广播学院,实现了自己的理想。

要想让别人肯定你,首先得自己肯定自己,自信一切都难不倒你,对横亘在你面前的所有障碍,你都能轻轻地拂去,如同掸掉一网蛛丝一般。不要轻易否定自己的能力,不要为自己的心灵设限,时常告诉自己:我能行!

心灵感悟

只要你充满自信和勇气去做,就会有出色的收获。做到了这一点,距离成功还会远吗?

第三篇

用信念购买奇迹

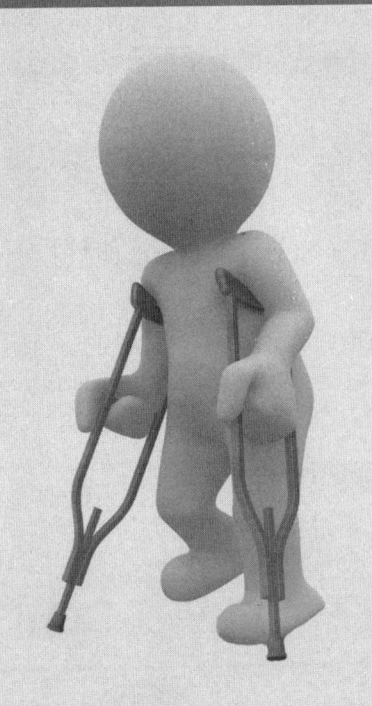

奇迹的价格=1美元11美分

8岁小女孩丽莎听到她的父母正在谈论她的小弟弟。她只知道他病得非常厉害,但是父母却没有钱为他医治。现在,只有一个费用昂贵的手术才能救下她小弟弟的命了,但是,他们借不到钱。

当丽莎听到爸爸绝望地对泪眼模糊的妈妈说"现在,只有奇迹才能救他了"以后,她回到她的卧室里,把藏在壁橱里的猪形储钱罐拿出来。她把里面的零钱全部倒在地板上,仔细地数了一遍。

然后,丽莎把这个宝贵的储钱罐紧紧地抱在怀里,从后门离开了,穿过六个街区,来到当地的一家药店里。她从储钱罐里拿出1美元11美分,放在玻璃柜台上。

"你想要什么?"药剂师问。

"我是来给我的小弟弟买药的,"丽莎回答道,"他病得很厉害,我想为他买一个'奇迹'。"

"你说什么?"药剂师问。

"他叫德鲁克,他的脑子里长了一个东西,我爸爸说只有'奇迹'才能救他。请问,一个'奇迹'需要多少钱?"

"我们这里没有'奇迹',孩子。我很抱歉。"药剂师遗憾地对丽莎说。

"听着,我有钱买它。如果这些钱不够,我还可以再想办法多弄些钱。拜托你告诉我它需要多少钱。"

此时,走过来一位衣着讲究的顾客。他俯下身问丽莎:"你的弟弟需要什么样的奇迹呢?"

"我不知道,"她抬起含泪的双眸看着他,"他病得很重,妈妈说他需要做手术,但是爸爸付不起手术费,所以我把攒下来的零花钱全都拿来买'奇迹'。"

"你有多少钱?"那人问。

"1美元11美分,不过我还可以想办法多弄到一些钱。"她的声音轻得几乎听不见。

"噢,真是巧极了,"那人微笑着说,"1美元11美分——这正好是你的

小弟弟需要的'奇迹'的价钱。"

他一只手接过丽莎的钱,另一只手牵起她的小手。他说:"快带我到你家里去吧。我想看看你的小弟弟,见见你的父母。让我们来看一看我是不是有你需要的那个'奇迹'。"

这位衣着讲究的绅士正是著名的神经外科医生卡登·阿姆斯特朗。这个手术完全是免费的。手术后没多久,德鲁克就回家了,并很快恢复了健康。

"那个手术,"丽莎的妈妈轻声说,"真是一个奇迹。我想知道它到底值多少钱?"

丽莎微笑了。她知道这个奇迹的确切价格——1美元11美分,加上一个8岁小女孩的坚定信念。

这个故事让我们相信,坚定的信念能够创造奇迹!

心灵感悟

奇迹并不是小女孩用1美元11美分治好了弟弟的病,而是小女孩挽救家人的挚情与诚心。创造这样的奇迹需要我们有坚定的信念和一颗单纯的心,只有这样我们才能创造一个又一个奇迹。

傻子活下来了

客机在大沙漠上空失事,仅有11人幸存在沙漠中。沙漠的白昼气温高达五六十摄氏度,如果不能及时找到水源,这11人很快就会渴死。

他们当中,有家庭主妇、政府官员、大学教授、公司经理、部队军官……此外,还有一个名叫瓦伦的傻子。

他们一起出发去找水源。

大沙漠好像一个魔鬼,不断地捉弄着这些可怜的人——他们前前后后有三次欢呼狂叫着,冲向不远处水草丰美的绿洲,可那绿洲却无情地向后退却,退却,直至消失。

是海市蜃楼!

第二天中午,当他们又一次被海市蜃楼愚弄后,所有人都有气无力地倒了，除了傻子瓦伦。他焦急地问其他人："那个水不就在这儿吗？为什么不见了？"

善良的家庭主妇告诉他："瓦伦，你就认命吧，那只是海市蜃楼。"

瓦伦不明白什么叫海市蜃楼，他只是渴得厉害，他只是想要喝水。他吃力地攀上了前面一个高五十多米的沙丘，突然高兴得手舞足蹈，连滚带爬地下来了，兴奋地大叫："水塘，一个水塘！"

这次，没有一个人答理他，包括那个善良的家庭主妇。

瓦伦什么也管不了了，他再次拔腿朝沙丘上爬，翻过了沙丘，狂叫着消失在沙丘的另一边。

"可怜的瓦伦，他疯了！"大学教授嘟哝了一句。

二十多分钟后，瓦伦刚冲到水塘边，忽然狂风呼啸，飞沙走石，瓦伦一跃跳进了水塘中……

大风一连刮了一天一夜。

三天后，当救援人员找到他们时，其余十个人已经全死了，有的尸首甚至已被沙土掩埋了，只有水塘边的傻子瓦伦安然无恙，只是瘦了些。

当救援人员把他带到遇难者身边，询问他是怎么回事，这十个人何以会死在距离水塘不到一公里的地方。

目睹伙伴们的惨状，瓦伦伤心地哭了。他抽泣着说："我跟他们说了那边有个水塘，他们却说那是海市蜃楼。我不懂什么是海市蜃楼，我只是想去那边喝水，我就拼命跑过去了——说真的，你们能不能告诉我什么是海市蜃楼？为什么他们这么恨海市蜃楼，宁可被渴死，也不去喝海市蜃楼的水？"

瓦伦瞪着他那双无知的、泪汪汪的大眼睛，虔诚地向救援人员请教着。

他说，这问题已经折磨他三天了。

心灵感悟

活下来的并不是一个傻子，而是一个执著而又单纯的人，有时执著是拯救人的良药，单纯是一个人飞向成功的翅膀，具备了这些，我们没有理由活不下来，而我们有时缺少的就是彼得的那种精神——在常人看来疯狂却符合客观实际的看法。

做一名观众

一天,小胖放学回家说,他们幼儿园要选小朋友当演员跳舞,还要选几个敲鼓的。他说他想当演员,如果老师不选他,那么他就当敲鼓的,他说他的力气大,敲鼓肯定没问题。

过了几天,小胖兴冲冲地回家告诉外婆:"我选上啦!"外婆问:"是演员还是敲鼓的?"小胖响亮地回答:"是观众!"

"观众?观众也要选吗?"妈妈说:"老师骗了孩子。"爸爸说:"这孩子真是笨。"外婆却很高兴,她说:"只要孩子高兴就行了。"是呀,小胖确实很高兴,他说:"那天我一定要穿上最漂亮的衣服,老师说到时候观众要为演员和敲鼓的鼓掌,我一定要把手拍得最响!"

幼儿园里那么多孩子,不可能每个都是演员和敲鼓的,还需要观众,有了观众,这场演出才会有意义。这样看来,观众是一个很重要的角色。这本是一个简单的道理,但成人去理解和接受它,却是如此困难。

心灵感悟

我们并不是每一次都会成为生活舞台上的主角,但做一个配角也是必需的,没有配角无所谓主角,没有观众无所谓舞台,退一步,做一个观众也是一种幸福。享受着别人给我们带来的爱和快乐,又有什么不好的呢?

牧童捡到金子

在一片峡谷里,住着一个牧童和他的妈妈。为了维持生计,牧童每天都要上山砍柴、放羊,日子很是艰苦。牧童真希望自己能得到一块金子,哪怕是很小的一块。

这天,牧童又上山了。

望着人迹罕至的峡谷,荒凉贫瘠的土地,以及颤巍巍地耸立在山坡上的可怜的小木屋子，他禁不住叹了口气，一屁股坐了下来。"哎哟!"牧童突然跳了起来。只见地上隐约射来一束金光——金子!牧童瞪大了眼睛，一捋袖子，使劲地挖起来。好大的一块!牧童兴奋地抱起金子，飞一般地跑下山去了。

"我挖到金子了!"牧童一边喊着，一边跑进屋，双手把金子捧到妈妈面前。

妈妈注视着牧童，没有说一句话，只是轻轻将他拉到身边……

牧童迷惑地望着妈妈。

妈妈感叹道："那不是属于你的金子，它没有任何价值。相反，它可能会给你带来厄运。"

"不，它能使我们富裕。"牧童争辩着。妈妈摇了摇头。

牧童感到愤怒失望，他抱紧金子，说："我要证明给你看。"然后，他冲出了家门。

牧童来到镇上。他将金子包起来背在背上，手里只攥着敲下的一小块，走进一家首饰店。老板将这一小块金子举到眼前，用怀疑的目光瞟了牧童一眼，说："你从哪儿弄来的?"

"山上捡来的。"牧童随口说道，接着赶紧闭了嘴，抢过金子，快步走出店铺。

他走进酒店，走进裁缝铺，走进大街小巷，发现处处都有人投来狐疑的目光。牧童渐渐害怕起来。

夜幕降临，牧童心惊胆战地走在空无一人的街上，心中涌起不祥的预感。

"把你的包放下。"一个阴险而又可怕的声音突然从背后传来。

牧童猛地一回头。那人伸手就要抢他的包，牧童赶忙护住。几个回合，牧童体力渐渐有些不支。就在此时，只见一位道士一闪而出，弹指一击，那人立即倒地。牧童惊得目瞪口呆，赶紧跪下来向道士道谢。道士却已渐渐远去，只给他留下了一句话：

"只有自己创造的东西才属于自己。"

猛然间，牧童想起了妈妈的话，懊悔万分。

当晚，牧童离开了小镇。他找了一个偏僻的地方，将金子埋进了深深的地下，他不想让这金子再迷惑他人。

牧童又回到了山沟里。他不再梦想得到金子，而是开始用自己的双手创造生活：植树种草，开荒种田，放羊养牛，还养花种果树……凡是能做

的，他都尽全力去做。

秋天，牧童爬上高高的山顶，遥望洒满自己汗水的山谷。多美啊！生机盎然的山林里，处处是鸟语花香，碧绿的草地上，成群的牛羊在悠闲地吃草，美丽的果林散发着浓浓的芳香，争奇斗艳的花圃把山坡装点得格外迷人，当年山坡上的木屋如今变成了"美丽的花园洋房"……一切都变了。

"我的金子。"牧童自豪地说。

心灵感悟

不义之财可能会给你带来一时的兴奋与快乐，但它也可能给你带来不幸。面对不属于自己的财富，要保持清醒的头脑，不要被金钱所迷惑，要始终坚信：只有靠自己的双手创造的财富才是自己的，才是让人加倍珍惜的。

生命不相信绝望

那年夏天，我和同学们去游泳，游玩中，不谙水性的我突然沉入水中，我手忙脚乱地蹬上来，双手冲出水面去抓池边，竟失手了！我再次跌入水里，慌忙之中双脚猛蹬，两手乱抓，却抓不住池边了。我挣扎着，巨大的恐惧突然攫住了我的心。我不再乱动，努力下沉，再下沉，争取触到池底。然而，很久很久，我的两脚依然空空的。冥冥之中，一个意念在我脑海里闪动：一定要努力下沉再下沉，一定能成功，一定能成功！

然而，两只脚依然空空的，唯有水，那可恶的水破开我的嘴唇，一口，再一口，一连灌了几口，我实在憋不住了，我要完了，我真想放弃努力，任凭水去摆布。可是我不相信绝望，我强闭着嘴唇坚持着，鼓励自己：坚持下去！坚持下去！突然，脚触到了硬物，那分明是坚硬的池底！我坚持着再沉，终于，双脚平踩在池底上，再猛地一蹬，冲出水面，双手扒住了池边。我大口喘着气，眼泪也跟着流了出来……

喘定了，哭过了，我瘫坐在光洁的池边，奄着脸环顾四周：池中男男女女，包括那些熟悉的同学们，或游或戏，欢声笑语，没有人注意我，更不会知道，在这平静的池边，我刚刚经历了一场生与死的搏斗。

心灵感悟

当我们遇到困难或挫折的时候，千万不能对自己灰心，千万不要放弃，要勇敢地面对它。一次考试失败，不能因此就放弃学习；一次比赛没有获胜，那么就为下一次比赛的到来而努力吧。怎能一蹶不振呢？要相信自己下一次可以做得更好，也许下一次就成功了！

拥有坚定的信念，不绝望，坚持再坚持，你一定会成功的！

天使没有翅膀

汤米似乎天生就迷恋天使。各式各样的天使飞落在卧室的各个角落：墙壁上贴着天使的图片，梳妆台和书桌上摆放着天使的小雕像，就连书架上的书也都是关于天使的。没有天使的故事可读、可想时，他就画天使的画像。他随身携带的小本子上都是他画的小天使：高的矮的，长着大翅膀的，小翅膀的，飞着的，站着的。起初，他的作品很简单，但年复一年，渐渐有了很大的长进，甚至我都怀疑是否人间真的有天使。

汤米出生的当天，妈妈在床头放了一幅小天使的图片，也许从那刻起，汤米就迷上了天使。我戏称他为"天使男孩"，对于这个绰号，他觉得是一位大哥哥对自己的赞赏而非羞辱。不得不承认，汤米独特的个性，使他易与人相处。他心地善良，慷慨无私，且极有耐心。更难得的是，很容易原谅别人。

一天，汤米画完最后一笔后，问我："你见过天使吗？"

"没有。为什么这样问呢？"我答道，真不知道他到底想问什么。而后，他小心翼翼地把画笔依次放回笔盒，合上书，挨着我坐在走廊上。

"我的美术老师说过，只有理解自己作品的人，才能称得上真正的好艺术家。"

"我觉得，你的画看上去棒极了。"我说。

"那些都是别人心目中的天使。假如我从来没有见过自己的天使，我永远都画不出真正的天使。"他说。

"除非你打算即刻和上帝在一起，要不还是把画拿到屋里来吧。走，洗手吃晚饭去。"我说。

星期五下午，汤米一回到家，就兴奋地告诉母亲，电视台即将举行绘画比赛，美术老师建议他参加。当然，大家都很激动，开玩笑地说没有人能猜到汤米要画什么。汤米笑着告诉母亲，他要到折扣店里买些新的绘画材料。他匆匆拥抱了母亲，便冲出门外。

我们住在小镇上，宵禁时，如果遇到紧急情况，警报就会响起。近几年，我们的很多朋友和邻居在车祸中丧生，因此，那刺耳的声音总如寒流侵入脊髓。因而，我漠视身边的人，这样，即使警报大作，我也不会有丝毫不安。但这回听到警报声，我几乎停止了呼吸。母亲和我对视着，同时尖叫道："汤米！"我生怕母亲有什么闪失，紧紧握了下她的手，然后一个人冲出门去。

折扣店离这里只有几个街区远，我赶到那里时，救护车正好停下来。一辆卡车横在路上，后面拖着一个深黑色的刹车印，显然司机发疯似的想刹住车。我努力使自己冷静下来，慢慢挪向卡车前部，心里默默念叨着："上天保佑不是汤米。"而当我看到草图，便笺本及一些洒落在地的画笔时，心一下子沉了下去。我慢慢走上前去，心里不断祈祷着，直到汤米那被碾压的身躯映入眼帘。我看了看救护人员，他告诉我汤米还活着，但伤得很重。

凌晨3点，护士告诉我们汤米已做完手术。这时我才意识到自己手上还拿着画笔和草图。不幸的是，我们被告知，汤米头部及内脏严重受损，生命的迹象正慢慢消失。

看到汤米的身上插满了管子和电线，我觉得像在梦里一样。我得说些鼓舞人心的话，我看着妈妈说："里面有你的天使男孩。"我想起草图本，便说道："我把它放在桌子上，等他好一点儿，又可以画画了。"人们在受到惊吓时总会说一些傻话。不久，护士进来说，汤米需要休息。我们很不情愿地离开了。临走前，妈妈轻轻地握着汤米的右手，趴在汤米的耳边悄悄地说："你的天使会和你在一起。"

每天放学后，我总是飞奔到医院看汤米，希望他能早日醒来。似乎学校里所有的学生都去医院探望汤米了。他的病房到处都是贺卡和鲜花，每张贺卡上都有手绘的天使图案。大约车祸后一个星期，我来到汤米的病房，妈妈抬头看着我轻轻地说："我的天使男孩会没事的。"然后出了房间。我看着汤米，他已经开始自己呼吸了。除了左手静脉上还插着一根管子，其他所有的管子和电线都已不见了。外科主治大夫说这真是一个奇迹。

回到家里，妈妈告诉我说，医生们都感到很奇怪，他们兴奋地发现，新的X光片显示：汤米严重受损的器官和组织，在很大程度上已经得到恢复。汤米说话有点模糊不清，还不能走路。医生说，再接受几个星期的治疗，就会完全恢复。他的床头都是天使，他告诉妈妈天使每晚都到他身边来，跪在床边，为他祈祷，祝他早日康复。从妈妈的言语中，我感觉她完全相信这种虚幻的故事。

汤米的身体渐渐好了起来，我敢打赌他一定又在画画儿了。果然，我走进病房时，汤米的床撑高了，他在画一幅"他自己"看到的天使。"她昨晚又来了，"汤米边说，边给画上色，"她来到我的床边，跪下身子，祈祷了很长时间。"尽管我怕，但我还是问了："她说了什么？""我只断断续续听到一些，她说了很多祈祷的话，感谢了很多次。"他说。

我鼓起勇气问道："汤米，你的天使是什么样的？""像这样。"说着，他举起画让我看。上面画着一位身穿白衣的美丽小妇人，低着头跪在那里，双目紧闭。她衣服左边挂着一块牌子，上面写着"汤米"。

我很惊讶地问他："为什么她的衣服上有你的名字？"

"我不清楚。我想一定是她们为谁祈祷就穿着挂有这个人名字的衣服，这样天使们就知道该去帮助谁了。"汤米说。"这是你画过的最好的一幅画。画完后，我们要把它挂在客厅里。"我说。"已经画好了。"汤米说。

"但是，她的翅膀呢？"我尖声叫道。这时，一个护工走了进来，说该带汤米去接受理疗了。我帮她把汤米放进轮椅，告诉他第二天放学后我还会来。他还记着回答刚才的问题，抬头看着我说："天使是没有翅膀的。"

不久，汤米便可以自己坐进轮椅了。不接受理疗时，他总是从一个病房跑到另一个病房，拜访其他病友，他们有的遭遇车祸，有的病情严重。每次，他都会结交一个不同的朋友。不久，医院里每个护士和病人都认识了汤米，每个病友都期待着他一天一次的拜访。每次拜访结束，他都会说："我会请我的天使为你祈祷。"

一天，汤米突发奇想。他决定给他的天使画一幅画，分发给他看望的每个病友。每天晚饭后，他总要画上三四幅，第二天就可以带上它们去看望病友。不久，医院里每个病友的床头都挂有一幅汤米的"无翅膀"的天使。几天后，每个来看望汤米的护士都感动得热泪盈眶。

终于盼到汤米出院的日子了。当我们推着轮椅中的他走出走廊时，每个房间的病友都向他挥手告别。我们来到医院门口时，七八个护士过来道别。其中一个护士走上前来，跪下身子，抱着汤米久久不肯放手，眼泪顺着她的脸颊流了下来，我听到她悄悄地说："你的天使和你在一起。"当她转身离去时，我看到她的白色护士服上挂着一块牌子，上面写着"汤米"。

心灵感悟

每个人心中都有天使，正是这个天使，给了我们重生的希望和力量，让我们从困难中爬起来。不断前行……

不服输的精神

这是一位现在在某所名牌大学就读的本科生讲述的故事：

上高中的时候，我们班只是个普通班，比起由尖子生组成的6个实验班来说，考上大学的机会不多。因此，除了几个学习好的同学很努力外，大多数人都等着混个文凭，然后找份工作。

我们的班主任兼英语老师是个刚从师范学院毕业的学生，他非常敬业，每日催着我们学习学习再学习，作业作业再作业。但是说归说，由于抱着破罐子破摔的想法，我们的成绩仍然上不去。在全校各科考试中屡屡落败。

高二的一次英语联考，我们班的成绩竟破天荒地超过了几个实验班的学生，这让我们接连兴奋了好几天。

发卷的时候到了，老师平静地把卷子发给我们。我们正欣喜地看着自己几乎从没得过的高分，老师说："请同学们自己计算一下分数。"数着数着，我的分竟比实际分数高出20分。

同学们也纷纷喊了起来："老师怎么给我们多算了20分。"课堂上乱了起来。

老师摆了摆手，班上静了下来。他沉重地说："是的，我给每位同学都多加了20分，是我为自己的脸面也是为你们的脸面多加的20分。老师拼命地教你们，就是希望你们为老师争口气，让我不要在别的老师面前始终低着头，也希望你们不要在别班同学的面前总是低着头。"

老师接着说："我来自山村，我的父母去世都很早。上中学时我连红薯、土豆都吃不起，大学放暑假，我每天到建筑工地拉砖，曾因饥饿而晕倒，

但我就是凭着一股要强的精神上完师院的。生活教会了我在任何时候都不能服输，而你们只不过因为被分在普通班就丧失了信心，我很替你们难过。"

这时候教室里安静极了，同学们都低下了头。老师继续说："我希望我的学生也做要强的人，任何时候都不服输！现在还只是高二，离高考还有一年多的时间，努力还来得及。愿你们不用靠老师弄虚作假就能拿到足够的分数，让老师能把头抬起来，继续要强下去。"

"同学们，拜托了！"说完，老师低下头，竟给我们深深地鞠了一躬。当他抬起头的时候，我们看到他的眼睛流出了泪水。

"老师！"班里的女生们都哭了起来，男生的眼里也噙满了泪水。

那一节课，我们什么也没有学。但一年后的高考，我们以普通班的身份夺得了全校高考第一名。据校长讲，这在学校的历史上是从未有过的。

我们每一个学生都记住了老师的眼泪。

心灵感悟

无论做什么事情，只要肯努力奋斗，是没有不成功的。

做一个真正的强者

"贝贝！贝贝！快起床念书了。"妈妈的几声轻唤把贝贝从美梦里惊醒。妈妈真狠心，这么冷的天，早晨6点就催人起床。贝贝多想在暖和的被窝里美美地多睡一会儿觉，但还是听妈妈的话起床了。贝贝来到洗手间，打开自来水，手一伸进水里，就触电似的缩了回来，"我的妈呀！"她不禁叫了一声，于是她打了一盆热水洗脸。啊，这下可舒服多了。

贝贝背完书，拿着妈妈给的几元钱去吃早点。妈妈说，她随后就到。

刚出家门，一阵阵呼啸的北风扑面而来，像刀割在脸上似的。贝贝不停地对着双手哈气，她来到早餐点，买了一碗大排面、一笼包子吃了起来。

这时，从洗碗池边传来了一阵阵清脆的水流声、洗碗声。贝贝循声望去，一个大约12岁的小男孩侧对着她在不停地洗着碗。在他举手时，贝贝看到那是一双布满裂痕的小手。洗碗池边堆放着一摞摞的脏碗。洗完了碗，

只见他坐下来，从旁边的书包里拿出一本第九册的课本，就着略显昏暗的灯光，有感情地读起第24课《一分试验田》来。他那认真劲儿，不由得使贝贝想起"凿壁偷光""囊萤映雪"的故事。"贝贝，快吃！"妈妈的话打断了她的思绪，她便大口大口地吃起来。

"老板，你又雇了一名童工呀，这可是违法的！"妈妈戏问老板。

"不是，是这位小男孩儿自己来的。你可不知道，他是个懂事的孩子。前些时他父亲去世了，不久前，他母亲又病倒在床上。为了接济家里，他死活要来我这儿洗碗挣点钱。"

听到这儿，贝贝突然想起来了，那个小男孩儿正是邻班的同学胡伟，他是全校唯一受"希望工程"补助的"三好"学生。上星期在办公室里，他的班主任批评他经常迟到，成绩下降，可他只是哭，什么也没说。

吃过早餐，贝贝主动帮胡伟做完活。上学路上贝贝问他："那天老师批评你，你为什么不说出真相？"

他说："我怕老师告诉妈妈，妈妈会很伤心的。她再困难也不会让我打工的。"

这时贝贝看见胡伟的眼角里流出泪水，她的内心感受着胡伟的自强自立，视线也模糊了……

心灵感悟

逆境给人宝贵的磨炼机会。只有经得起环境考验的人，才能算是真正的强者。

困境即是赐予

有一天，素有森林之王之称的狮子，来到了天神面前说："我很感谢你赐给我如此雄壮威武的体格、如此强大无比的力气，让我有足够的能力统治这整座森林。"

天神听了，微笑着问："但是这不是你今天来找我的目的吧！看起来你似乎被某事而困扰呢！"

狮子轻轻吼了一声，说："天神真是了解我啊！我今天来的确是有事相

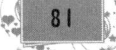

求。因为尽管我的能力再好,但是每天鸡鸣的时候,我总是会被鸡鸣声给吓醒。神啊!祈求您,再赐给我一个力量,让我不再被鸡鸣声给吓醒吧!"

天神笑道:"你去找大象吧,它会给你一个满意的答复的。"

狮子兴匆匆地跑到湖边去找大象,还没见到大象,就听到大象跺脚所发出的"砰砰"响声。

狮子加速地跑向大象,却看到大象正气呼呼地直跺脚。

狮子问大象:"你干嘛发这么大的脾气?"

大象拼命摇晃着大耳朵,吼着:"有只讨厌的小蚊子,总想钻进我的耳朵里,害我都快痒死了。"

狮子离开了大象,心里暗自想着:"原来体型这么巨大的大象,还会怕那么瘦小的蚊子,那我还有什么好抱怨的呢?毕竟鸡鸣也不过一天一次,而蚊子却是无时无刻不在骚扰着大象。这样想来,我可比他幸运多了。"

狮子一边走,一边回头看着仍在跺脚的大象,心想:"天神要我来看看大象的情况,应该就是想告诉我,谁都会遇上麻烦事,而它并无法帮助所有人。既然如此,那我只好靠自己了!反正以后只要鸡鸣时,我就当做鸡是在提醒我该起床了,如此一想,鸡鸣声对我还算是有益处呢!"

心灵感悟

一个障碍,就是一个新的已知条件,只要愿意,任何一个障碍,都会成为一个超越自我的契机。

11次失败2次成功

我们每个人都应该相信自己,积极面对挫折,让生活充满活力。真正使成功者出类拔萃的,是他们心甘情愿地一步接一步往前迈进。不管路途多么崎岖,都要不断接受挑战。

1832年,林肯失业了,这显然使他很伤心,但他下决心要当政治家,当州议员。糟糕的是,他竞选失败了。在一年里遭受两次打击,这对他来说无疑是痛苦的。接着,林肯着手自己开办企业,可一年不到,这家企业

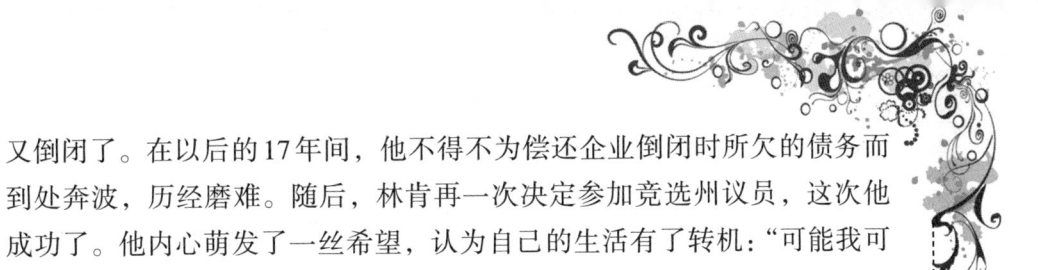

又倒闭了。在以后的17年间，他不得不为偿还企业倒闭时所欠的债务而到处奔波，历经磨难。随后，林肯再一次决定参加竞选州议员，这次他成功了。他内心萌发了一丝希望，认为自己的生活有了转机："可能我可以成功了！"

1835年，他订婚了。但离结婚还差几个月的时候，未婚妻不幸去世。这对他精神上的打击实在太大了，他心力交瘁，数月卧床不起。1836年，他得了神经衰弱症。1838年，林肯觉得身体状况良好，于是决定竞选州议会议长，可他失败了。1843年，他又参加竞选美国国会议员，但这次仍然没有成功。

林肯虽然一次次地尝试，但却是一次次地遭受失败：企业倒闭、情人去世、竞选败北。要是你碰到这一切，你会不会放弃——放弃这些对你来说是重要的事情？

林肯是一个聪明人，他具有执著的性格，他没有放弃，他也没有说："要是失败会怎样？"1846年，他又一次参加竞选国会议员，最后终于当选了。

两年任期很快过去了，他决定要争取连任。他认为自己作为国会议员表现是出色的，相信选民会继续选举他。但结果很遗憾，他落选了。

因为这次竞选他赔了一大笔钱，林肯申请当本州的土地官员。但州政府把他的申请退了回来，上面指出："做本州的土地官员要求有卓越的才能和超常的智力，你的申请未能满足这些要求。"接连又是两次失败。在这种情况下你会承受这种挫折吗？你会不会说"我失败了"？然而，作为一个聪明人，林肯没有服输。1854年，他竞选参议员，又失败了；两年后他竞选美国副总统提名，结果被对手击败；又过了两年，他再一次竞选参议员，还是失败了。林肯尝试了11次，可只成功了2次。他一直没有放弃自己的追求，他一直在做自己生活的主宰。1860年，他当选为美国总统。

心灵感悟

困难和挫折，对人生而言，是在所难免的，但同时"苦难也是一所最好的学校"。因为，具有坚强毅力的良好品格、受到挫折后的恢复能力和百折不挠、不向挫折屈服的精神，是一个成功者不可缺少的素质。培养坚毅的性格和承受挫折的能力，对我们的人生尤为重要。

尽力而为，也要量力而行

一位武术大师隐居于山林中，人们都千里迢迢来跟他学武。

人们到达深山的时候，发现大师正从山谷里挑水。他挑得不多，两只木桶里水都没有装满。

人们不解地问："大师，这是什么道理？"

大师说："挑水之道并不在于挑多，而在于挑得够用。一味贪多，适得其反。"

众人越发不解。

大师笑道："你们看这个桶。"

众人看去，桶里画了一条线。大师说："这条线是底线，水绝对不能超过这条线，否则就超过了自己的能力和需要，开始还需要画一条线，挑的次数多了以后就不用看那条线了，凭感觉就知道是多是少。这条线可以提醒我们，凡事要尽力而为，也要量力而行。"

众人又问："那么底线应该定多低呢？"

大师说："一般来说，越低越好，因为这样低的目标容易实现，人的勇气不容易受到挫伤，相反，会培养起更大的兴趣和热情。长此以往，循序渐进，自然会挑得更多、挑得更稳。"

心灵感悟

　　一个人的能力是有限的，总想一次多做几件事，往往一件事也做不好。每天做好一件事，每天就有收获一粒种子的快乐，这样日积月累，在生命的旅程中回望时，就会看到我们手中装满了丰厚的回馈。

每天写两页

几年前，肯尼斯与书商签订合同写一本书，这可是他第一次写书。肯尼斯总共有6个月的写作时间，所以，在这半年的工作日程表上，他每天都写着"写书"两个字。

但是6个月很快就过去了,肯尼斯的书并没有写出来。这样,书商只好再给他3个月的时间。

在这3个月的时间内,肯尼斯的工作日程表上仍然天天写有"写书"两个字,但书却还没有写出来。最后,书商无可奈何地又给了他3个月时间,不过这次要是再写不出来,那可就要撕毁合同了。肯尼斯发愁:"这可怎么办呢?"

幸运的是,肯尼斯遇到了《服务于美国》一书的作者卡尔·阿尔布雷希特,他给了肯尼斯一个建议——化整为零。阿尔布雷希特问肯尼斯:"你总共要写多少页书?"

肯尼斯说:"180页。"

阿尔布雷希特又问:"你总共有多少写作时间?"

"90天时间。"

阿尔布雷希特说:"很简单,只要你在工作日程表上写上'今天写两页'就行了。"

从此,肯尼斯每天写两页,要是顺利的话。他一天可写上四五页,但不管是哪一天,他至少会写出两页来。就这样,在阿尔布雷希特的指导下,肯尼斯仅用了一个月的时间就写出了这本书。

心灵感悟

千里之行,始于足下。每天用心做好你该做的一件事,总有一天你会成就大事,否则你这辈子都不可能再有所作为。

在皮鞋上演奏

一位著名的小提琴家,最擅长演奏旋律复杂多变的乐曲,他高深的琴技很受喜爱古典音乐者的欣赏。

一天晚上,这位小提琴家举行一场音乐演奏会,有位听众听了他出神入化的演奏之后,认定他的小提琴是一具魔琴,便要求一看,他立即答应了。

那人看看小提琴,发现跟普通的琴没什么两样,心里觉得很奇怪。小提琴家看出他的心事，便笑着问："你觉得奇怪，是吗？老实告诉你，随便什么东西，只要上面有弦，我都能拉出美妙的声音。"

那人便问："皮鞋也可以吗？"

小提琴家回答："当然可以。"

于是那人立刻脱下皮鞋递给他，他接过皮鞋，在上面钉了几颗钉子，又装上几根弦，准备停当，便拉了起来。令人惊奇的是，皮鞋在他手上，演奏起来旋律竟然也很美，不知情的人在听了这个美妙的旋律之后，还以为是用小提琴拉的。

心灵感悟

任何一种技艺达到出神入化、随心所欲的境界，一定要经过长时间的苦练，这是绝对没有偶然也没有捷径的。经过努力奋斗得来的成功，无论大小都是生命中最宝贵的财富。

勤学苦练是成功的必经之路。

从苹果落地到万有引力定律

牛顿是一位赫赫有名的科学家，他出生于1642年的圣诞节，出生在英国林肯郡的一个农民家庭，牛顿对于光学、数学等领域，以及运动定律和万有引力的发现，皆作出了重大的贡献，其中任何一项都可以使他名垂青史。牛顿是近代自然科学的奠基人，在科学发展史上占有非常重要的地位。而他的成绩都来自于他爱思考的习惯。

有一天，牛顿由于长时间埋头工作，感到有些疲倦了，他就坐在苹果树下的长凳上观赏田野秋色。在他休息的时候，他不由得又想起了引力之谜，思维翻腾起来。突然间，一个熟了的苹果从树上掉了下来，砸到了他的头上。熟了的苹果为什么会向下掉？是什么原因呢？地球在吸引它吗？扔到空中的石头也要向下掉，是不是也是地球在吸引它呢？牛顿苦苦地思考着。最后他确定是地球的引力，地面上的东西都要受到地球的吸引。由此，他想到了月亮之所以会绕着地球转，也是因为地球在吸引着它。想着想着，牛顿的眼里闪出奇异的光芒，他长时期来想了又想的问题，终于找到了解决的线索，一切都是因为地球的引力，由此他提出了著名的万有引力定律。

在一个天气晴朗的日子里，牛顿想骑马到山里去办点儿事情。于是，他就扛着马鞍走到马厩里去牵马，可是，他刚把马牵出来，有一个力学问题忽然在脑际浮现。于是，他不知不觉地把马给放了，自个儿扛着马鞍顺着小路一边走一边思考问题。牛顿时而低头深思，时而用手比画，完全忘却了周围的一切。当他走到山顶时，突然觉得十分疲惫，才想起应该骑马。这时，马早已跑得无影无踪了，只有一副沉重的马鞍始终扛在他肩上。牛顿思考问题简直到了痴迷的地步。

有一年冬天，牛顿坐在火炉旁边思考一个问题。他右肘的袖子被烤得焦煳了，他却一点儿也没有发觉。最后，袖子竟被烧着了，冒出黑烟，呛得他连连打喷嚏，可是他仍然沉浸在思考中，而一无所知。直到嗅到焦味的家人跑进来，一声惊呼，才使牛顿从思考中惊醒过来。

心灵感悟

观察是人们认识世界、增长知识的主要手段。它在人的一切实践活动中，具有重大的作用。人们通过观察，获得大量真实、详尽的材料，获得对事物具体而鲜明的印象。达尔文曾对自己做过如下的评价："我没有突出的理解力，也没有过人的机智，只是在觉察那些稍纵即逝的事物并对其进行精细观察的能力上，我可能在众人之上。"

观察是一种获取事物信息的学习活动，与日常生活中的随便看看、听听不一样。

对于生活，我们常常没有仔细而认真地观察过，许多小问题轻易地从我们眼皮底下溜过。如此不认真的生活态度，往往会给我们的人生带来障碍，也会带走我们等待已久的机遇。

修建自己的码头

有一个人一直想成功，为此，他做过种种尝试，但到头来，都以失败告终。他非常苦恼，就跑去问他的父亲。他父亲是一个老船员，他意味深长地对儿子说："要想有船来，就必须修建自己的码头。"儿子听了这话沉思良久。这之后，他不再四处尝试，而是静下心来，好好读书。后来，他不但考上了大学，而且成了令人羡慕的博士后。不少公司经常打电话来，希望他能够加盟，而且待遇好得惊人。

心灵感悟

人生就是这样有趣。人生的道路，看起来好像很曲折，但事实并非如此，做人如果能够做到抛弃浮躁，安定自己的内心世界，锤炼自己，让自己发光，就不怕没有人发现。与其四处找船坐，不如自己修一座码头，到时候何愁没有船来。人这一生，出身、地位、身份并不会影响你所修建的码头的质量。但是恰恰相反，你所修建的码头的质量，却会影响到你这里停靠的船只。你所修建的码头的质量越高，到你这里停靠的船只就会越好，而你所修建的码头越大，停靠的船只也会越多。

只做风的生意

1956年，松下电器与日本生产电器精品的大阪制造厂合资，建立了大阪电器精品公司，开发制造电风扇。当时，松下幸之助委任松下电器公司的西田千秋为总经理，自己任顾问。

尽管这家公司的前身是专门做电风扇的，而且后来还开发了民用排风扇。但是相比而言，产品还显得很单一。西田千秋准备开发新的产品，试着探询松下的意见。松下对他说："只做风的生意就可以了。"

当时松下的想法，是想让松下电器的附属公司尽可能专业化，以图突破。可是松下精工的电风扇制造已经做得相当卓越，颇有余力开发新的领域。尽管如此，西田得到的仍是松下否定的回答。

然而，西田并未因松下这样的回答而丧气。他的思维极其灵敏，他紧盯住松下问道："只要是与风有关的，任何事情都可以做吗？"

松下并未细想此话的真正意思，但西田所问的与自己的指示很吻合，所以回答说："当然可以了。"

四五年之后，松下又到这家工厂视察，看到厂里正在生产暖风机，便问西田："这是电风扇吗？"

西田说："不是，但它和风有关。电风扇是冷风，这个是暖风，你说过要我们做风的生意，这难道不是吗？"

后来，西田千秋一手操办的松下精工关于"风"的产品，已经是非常丰富了。除了电风扇、排气扇、暖风机、鼓风机之外，还有果园和茶圃的防霜用换气扇，培养香菇用的调温换气扇，家禽养殖业的棚舍换气调温系统……

只做风的生意，西田千秋为松下公司创造了无数的辉煌。

心灵感悟

看到别人未曾看到的，想到别人未曾想到的，这就是创新。它需要一个人敏锐的眼光和过人的胆识，并理智地付诸于行动，下一个奇迹也许就是你一手创造的。

我们总以为伟大的事业是那么遥不可及，殊不知无论多大的事业都是从小事做起，从最简单、最容易、最微小的事做起，这是每个成功者的必修课。

别怕真正地面对生活

美国一家大公司的哈利先生就是由于自己的懦弱而一生感到悲伤。他和现在的公司董书长乔治是一起进入该公司的。乔治不怕吃苦，敢于负责任、敢于冒风险，因而步步高升。而在公司内外，哈利也有很多晋升的机会。

例如，他在公司待了5年后，有一次，公司要他到美国去掌管南方的分号。但是，因为他自己没有勇气承担职责而拒绝了它。多少次这种绝好的机会来临时，他都找一些借口，把它们错过了，仍然在公司里拿着7000元的年薪过日子。由于他的懦弱，连他的儿子都瞧不起他。

在哈利的一生中，他惧怕真正地面对生活，害怕挺身而出，承担责任，活着只是虚耗时日而已。到如今，他只能留下对往事不堪回首的感伤。哈利先生就像数以万计的人们一般，把自己关入终生的心理奴隶的牢笼之中。

心灵感悟

惧怕责任的同时也就失去了有所成就的机会，责任和成就是成正比的。

祖父与孙子的对话

有一个年轻人，届逢服兵役的年龄，抽签的结果，正好抽中了下下签：最艰苦的兵种——海军陆战队。年轻人为此整日忧心忡忡，几乎到了茶不思饭不食的地步。年轻人深具智慧的祖父见到自己的孙子这般模样，便寻思要好好开导他。

老祖父说："孩子啊，没有什么好担心的。到了海军陆战队，还有两个机会：一个是内勤职务；另一个是外勤职务。如果被分到内勤单位，也就没有什么好担心的了。"

年轻人问道："那若是被分到外勤单位呢？"

老祖父："那还有两个机会啊：一个是留在本岛；另一个是分到外岛，如果你分在本岛，也不用担心啊。"

年轻人："那要是分到外岛呢？"

老祖父："那还是有两个机会：一个是后方；另一个是前线，如果你留在外岛的后方单位，也是挺轻松的。"

年轻人再问："那要是分到前线呢？"

老祖父："那还是有两个机会：一个是站岗卫兵，平安退伍；另一个是遇上意外事故。如果你能平安退伍，又有什么好怕的？"

年轻人问："那么，若是遇见意外事故呢？"

老祖父："那还是有两个机会：一个是受轻伤，可能送回本岛；另一个是受了重伤，可能不治。如果你受了轻伤，送回本岛，也不用担心啊。"

年轻人最恐怖的部分来了，他颤声问："那……若是遇上后者呢？"

老祖父大笑："若是遇见那种情况，你人都死了，还有什么好担心的？倒是我要担心，那种白发人送黑发人的痛哭场面，可不是好玩的呀！"

心灵感悟

老祖父用自己的智慧开导年轻人，将一切解释得轻松而有道理。读后使人感动之余，心生力量。是啊，无论如何，我们总会有两个机会，那么，还有什么好担心和害怕的呢？

白色的金盏花

一个园艺所贴出一则重金征求纯白金盏花的启事，在当地一时引起轰动。高额的奖金让许多人趋之若鹜。但在千姿百态的自然界中，金盏花除了金色的就是棕色的，能培植出白色的，不是一件易事。所以许多人一阵热血沸腾之后，就把那则启事抛到九霄云外去了。

一晃就是20年，一天，那家园艺所意外地收到了一封热情的应征信和一粒纯白金盏花的种子。当天，这件事就不胫而走，竟然引起轩然大波。

寄种子的原来是一个年迈古稀的老人。老人是一个地地道道的爱花人。当她20年前偶然看到那则启事后，便怦然心动。她不顾八个儿女的一致反对，义无反顾地干了下去。她撒下了一些最普通的种子、精心侍弄。一年之后，金盏花开了。她从那些金色的、棕色的花中挑选了一朵颜色最淡的，任其自然枯萎，以取得最好的种子。次年，她又把它种下去，然后，再从这些花中挑选出颜色更淡的种子栽种……日复一日，年复一年。

终于，在20年后的一天，她在那片花园中看到一朵金盏花，它不是近乎白，也并非类似白色，而是如银如雪的白。于是，一个连专家都解决不了的问题，在一个不懂遗传学的老人长期的努力下，最终迎刃而解了。

心灵感悟

成功没有捷径，唯有坚持。如果面对困难轻言放弃，自然得不到成功的垂青。要知道，没有经过困苦的磨砺，就不可能成为强者，只有坚持到最后的人，才能称为胜利者。

有为有不为

有位青年人，非常刻苦，可事业上却没什么起色。他找到昆虫学家法布尔说："我不知疲倦地把自己的全部精力都花在了事业上，结果却收获很少。"

法布尔同情、赞许地说："看来你是一个献身科学的有志青年。"

这位青年说:"是啊,我爱文学,我也爱科学,同时,对音乐和美术的兴趣也很浓,为此,我把全部时间都用上了。"

这时,法布尔微笑着从口袋里掏出一块凸透镜,做了一个"小实验":当凸透镜将太阳光集中在纸上一个点的时候,很快就将这张纸点燃了。

接着,法布尔对青年说:"把你的精力集中到一个点上试试看,就像这块凸透镜一样!"

心灵感悟

漫天撒网的结局是颗粒无收。

当心已死

一位年轻人倚靠着一棵树晒太阳。他衣衫褴褛,神情委靡,不时有气无力地打着哈欠。一位智者从此经过,好奇地问:"年轻人,如此好的阳光,你不去做你该做的事,懒懒散散地晒太阳,岂不辜负了大好时光?"

"唉!"年轻人叹了一口气说:"在这个世界上,除了我自己的躯体外,我一无所有。我又何必去费心费力地做什么事呢?每天晒晒我的身体,就是我做的所有事了。"

"你没有家?"

"没有。与其承担家庭的负累,不如干脆没有。"年轻人说。

"你没有你的所爱?"

"没有,与其爱过之后便是恨,不如干脆不去爱。"

"没有朋友?"

"没有。与其得到还会失去,不如干脆没有朋友。"

"你不想去赚钱?"

"不想。千金得来还复去,何必劳心费神动躯体?"

"噢,"智者若有所思,"看来我得赶快帮你找根绳子。"

"找绳子?干嘛?"年轻人好奇地问。

"帮你自缢!"

"自缢？你叫我死？"年轻人惊诧了。

"对。人有生就有死，与其生了还会死去，不如干脆就不出生。你的存在，本身就是多余的，自缢而死，不是正合乎你的逻辑吗？"

心灵感悟

<u>不论什么时候都不要自暴自弃，不要对生活失去勇气，平凡的我们也有特有的美丽。社会大厦何其雄伟，即使只做了块砖片瓦，我们的存在也有着不可或缺的意义。因为活着就是幸福。</u>

有百分之一的希望就不要放过

本田宗一郎于1974年在密执安获得博士学位时发表了一段演讲词：

"许多人梦想成功，对我来说，成功只有在多次失败后和对失败进行反省才能取得。事实上，成功只代表着你的工作的1%，而99%意味着失败。有1%的希望，就要坚持！"

本田宗一郎于1906年11月出生在日本荒僻的兵库县的一个贫穷家庭。他家离索尼公司创始人盛田昭夫的家不远。盛田出生在一个拥有一个网球场的优裕家庭，而本田却是一个在路边修理自行车的穷铁匠的儿子。这种早期环境证明，在本田最初试制摩托车的日子里对他很有好处。他父亲对他解决机械问题的培养在本田早期的训练中起到了很大作用。由于家庭贫穷，9个孩子中有5个因营养不良而早夭。

本田是个穷学生，经常逃课，他憎恶正规的教育。但他偏爱试验，富有启发性的试错方法学得最好。他一直喜欢机器和机械装置，当儿时第一次看到汽车时，他陶醉了，正如他自传中的一段所展示的那样：

"忘掉了一切，我跟在车后跑，……我很激动，……我认为正是那时，虽然我仅是个孩子，总有一天我将自己制造汽车的思想产生了。"

那时，他并不知道自己将不仅仅拥有这样一部机器，而且将成为生产它们的工业巨头之一。

本田注定比其他人更能改变摩托车和汽车工业。在20世纪50年代早期，本田公司终于挤进了拥挤的摩托车行业。在5年内打败了250个竞争对手，使他实现了儿时的制造更先进的汽车的梦想。

本田承认他犯有错误，正如他在密歇根技术大学接受博士学位的演讲中表明的那样：

回首我的工作，我感到我除了错误，一系列失败、一系列后悔外什么也没有做，但是有一点使我很自豪。虽然我接二连三地犯错误，但这些错误和失败都不是同一原因造成的。

心灵感悟

成功者不过是爬起来比倒下去多一次而已。面对挫折的态度，往往是成败的关键。是坚持，还是退缩，便是能否取得成功的决定因素。许多天资聪颖、颇具才能者之所以失败，就在于关键时刻他们放弃了，以致功亏一篑。坚强而有毅力的人绝不会轻言放弃。

绝不失望

在当代美国著名小说家普拉格曼的颁奖典礼上，一位记者向他提问："你毕生成功最关键的转折点在何时何地？"

普拉格曼向记者讲述了自己的一段经历：

二战中，尚未读完高中的普拉格曼到海军服役，1944年8月，他在一次战斗中身负重伤，双腿无法站立。为了挽救他的生命，舰长派一个海军下士驾驶小船将他送往战地医院。在黑暗中，小船漂流了四个多小时，不幸迷失了方向。掌舵的下士失去了信心，要拔枪自杀。正在流血的普拉格曼却很镇定地劝说他："你别开枪，我有一种神秘的预感……即使失败也要有耐心、绝不要堕入绝望的深渊。"

话没说完，突然向敌机发射的高射炮火光冲天，他们发现小舟离码头近在咫尺。

这一次富于戏剧性的经历，铭刻在普拉格曼的心上。他确信，即使面对失败也要有耐心，坚忍不拔，绝不失望，或许在最后一刻会有转机，出现胜利的曙光。

心灵感悟

不同的环境对人们的作用是不同的。顺境与逆境、苦难与舒适使人们付出的代价是不同的。关键在于你有没有一颗自信的心。

成功的人善于在"顺"与"逆"、"苦难"与"安逸"的环境中进行自我调适,用信心改变一切。

信心是一个人做事情和活下去的支撑力量。没有了这种信心,就等于自己给自己判了死刑,若想获得新生,能解救的也只有你自己。

路人的话

一个老头和一个孩子用一头驴驮着东西到集市上去卖。东西卖完后,两人开始往回走。路上,老头把孩子放在驴背上,自己牵着驴。这时候,路上有人便责备起孩子:这孩子真不懂事,年纪轻轻的怎么能让老人在地上走呢?

孩子听了路人的责备,觉得自己不对,就立即从驴背上下来,让老头骑到驴背上去。老头骑上了驴,小孩就在地上牵着驴走路。这时,又有人责备老头:这老头真不通情理,一个大人,怎么忍心让一个孩子在地上走路?

老头听了觉得有理,于是便把小孩也抱到驴背上来,两个人一前一后地骑驴走。不曾想,路上又有人说话了:两个人都坐在驴背上,驴子压坏了怎么办?真是太残酷了!

听了这些话,老头和孩子觉得再没有别的办法了,于是只好都从驴背上跳下来。路上的人见了,开始笑话他们:真是呆了,放着现成的驴不骑,却双双受累!

最后,老头感到左右为难,怎么办都不对,便对孩子说:咱们只剩下一个办法了,那就是:我们俩抬着驴子走!

心灵感悟

"走自己的路,让别人去说吧。"

有一种失去叫拥有

他是一个普通的男人，也是一个普通的父亲，然而命运却给了他不普通的经历。一切都源于1996年的一次交通事故。在那次事故中，他那刚满5岁的女儿全身被火烧焦了。经过医生的全力抢救，女儿的生命奇迹般地保住了，但是女儿的五官被烧得严重变形，10个手指都没有了，左脚被烧焦，右小腿只剩下了一小段。

面对突如其来的横祸，面对一个残缺的幼小的生命，作为一个男人、一位父亲，他选择了坚强。

为了支付女儿高额的医疗费用，他摆起了一个小百货摊，卖一些日用品，每月能挣四五百元钱。后来，他去血站卖过十几次血，又利用晚上的时间去餐厅打工刷盘子。甚至，他还走进了夜总会，模仿童声演唱《世上只有妈妈好》，这歌声让他自己和所有的听众都泪流满面。

与此同时，他的女儿也承受着一般人难以想象的痛苦。医生为她实施了左脚脚趾和双手再造术，前后进行了22次手术，共缝合了一万多针。反反复复的取皮、植皮、手术、缝合，使她跟随一位老师学习书法，没有手指，她就用嘴咬着笔杆写，口腔常常被磨破，流出鲜血。

在炎热的夏天，她把自己关在屋子里练字，脑门上沁出一滴滴的汗珠，父亲不得不经常给她擦汗。由于她全身植皮，只有脑门这一小块地方可以排汗。

1999年10月10日，年仅8岁的女儿被中国当代书法家协会授予"当代中国书法家"称号，2000年10月被中国书法家协会正式吸收为会员，成为年龄最小的会员。

2001年2月中旬，上海大世界吉尼斯总部为女儿颁发了"10岁女孩、22次手术、缝合一万针的'上海大世界吉尼斯之最'证书"。

这是一个真实的故事。知道这个故事的人，无不被这对父女俩的事迹所感动。父亲的名字叫梁忠阳，在辽宁沈阳市司法局工作，女儿的名字叫梁帅。他们用一份坚强创造出了生命的奇迹。

心灵感悟

<u>在这个世界上，有一种失去叫拥有，有一种倒下叫站立。不管遇到什么打击或者坎坷。只要坚强，就能够创造生命的奇迹。</u>

把聪明放在"褡裢"后面

著名的心理学大师弗洛伊德曾经讲过一个很经典的故事。

约翰和汤姆是相邻两家的孩子，他俩从小就在一起玩耍。约翰是一个聪明的孩子，学什么都是一点就通，他知道自己的优势，自然也颇为骄傲。汤姆的脑子没有约翰的灵光，尽管他很用功，但成绩却难以进入前十名，与约翰相比，他从心里时常流露出一种自卑。然而，他的母亲却总是鼓励他："如果你总是以他人的成绩来衡量自己，你终生也不过只是一个'追逐者'。

奔驰的骏马尽管在开始的时候总是呼啸在前，但最终抵达目的地的，却往往是充满耐心和毅力的骆驼。"

聪明的约翰自诩是个聪明人，但一生业绩平平，没能成就任何一件大事。而自觉很笨的汤姆却不断从各个方面充实着自己，一点点地超越着自我，最终成就了非凡的业绩。

约翰愤愤不平，以致郁郁而终。他的灵魂飞到了天堂后，质问上帝："我的聪明才智远远超过汤姆，我应该比他更伟大才是，可为什么你却让他成为了人间的卓越者呢？"

上帝笑了笑说："可怜的约翰啊，你至死都没能弄明白。我把每个人送到世上，在他生命的'褡裢'里都放了同样的东西，只不过我把你的聪明放到了'裕裢'的前面，你因为看到或是触摸到自己的聪明而沾沾自喜，以致误了你的终生！而汤姆的聪明却放在了'裕裢'的后面，他因看不到自己的聪明，总是在仰头看着前方，所以，他一生都在不自觉地迈步向上、向前！"

心灵感悟

每一个人都应该永远记住这个真理。只有不断超越自我的人，才是一个真正的聪明人。

你就是自己的神

鲍尔士是19世纪俄国历史上最著名的一位探险家。1893年，他在位于北欧的斯堪的纳维亚半岛探险旅游时，遇到了瑞典探险家欧文·姆斯。由于两人对极地风光都表现出浓厚的兴趣，他们决定一同沿北极圈做一次考察和探险。

经过两年的精心准备，1895年春，他们带着三条狗、两只雪橇和一张古地图，从瑞典北部城市约克莫克出发，一路向东行进。本来在冬季到来之前就能走完的一万五千多公里路程，他们却走了一年零三个月，原因是在翻越楚可奇山脉时，欧文·姆斯摔断了腿。最后，他们二人终于成功返回了约克莫克。

欧文·姆斯认为，能够完成这次旅行，没有鲍尔士的帮助简直是不可想象的。临分手时，欧文·姆斯再三感谢鲍尔士在考察中给予他的关怀，并把自己一块珍贵的怀表送给鲍尔士作纪念。当时，鲍尔士已是欧洲一位享有盛名的大旅行家，年纪也比欧文·姆斯整整年长20岁。面对欧文·姆斯的盛情，鲍尔士回答说：

"绝境中真正帮助你的是你自己，你用一条腿翻过了最狭窄的山道。总之，我没给你任何真正意义上的支持，谈何感激呢？"后来鲍尔士在致欧文·姆斯的一封信中又说："请你记住，在探险的道路上，你就是你自己的神，你就是你自己的命运。没有人能对你具有最终的支配权，同时除你之外，也没有人能哄骗你离开最后的成功。"

心灵感悟

面对困难，我们每个人的大脑都会不约而同地闪现出"如果有谁来帮我一把就好了"这样的想法。但是，世界上任何成功的经验都告诉我们：危难中，真正的救星是我们自己。自助者神助，你就是自己的神。

老鹰的再生

老鹰是世界上寿命最长的鸟类。

它一生的年龄可达70岁。要活那么长的寿命，它在40岁时必须作出困难却重要的决定。

当老鹰活到40岁时，它的爪子开始老化，无法有效地抓住猎物。它的喙变得又长又弯，几乎碰到胸膛。它的翅膀变得十分沉重，因为它的羽毛长得又浓又厚，使得飞翔十分吃力。它只有两种选择：等死；或经过一个十分痛苦的更新过程。

这个过程长达150天，它必须很努力地飞到山顶。在悬崖上筑巢。停留在那里，不得飞翔。老鹰首先用它的喙击打岩石，直到喙完全脱落。然后静静地等候新的喙长出来。它会用新长出的喙把指甲一根一根地拔出来，当新的指甲长出来后，它们便把羽毛一根一根地拔掉。5个月以后，新的羽毛长出来了。

老鹰重新开始飞翔，它获得了新生，可以再过30年的岁月！

在我们的生命中，有时候我们必须作出困难的决定，开始一个更新的过程。

心灵感悟

我们必须把旧的习惯、旧的传统抛弃，使我们可以重新飞翔。我们需要的是自我改革的勇气与再生的决心！

不如唱首歌试试

在美国的一个小酒吧里，一位年轻小伙子正在用心地弹奏钢琴。说实话，他弹得相当不错，每天晚上都有不少人慕名而来，认真倾听他的弹奏。一天晚上，一位中年顾客听了几首曲子后，对那个小伙子说："我每天来听你弹奏这些曲子，你弹奏的那些曲子我熟悉得简直不能忍受了，你不如唱首歌给我们听吧。"这位顾客的提议获得了不少人的赞同，大家纷纷要求小伙子唱歌。

然而，那个小伙子面对大家的请求却变得腼腆起来，他抱歉地对大家说："非常对不起，我从小就开始学习弹奏乐器，从来没有学习过唱歌。我长年累月地坐在这里弹琴，恐怕会唱得很难听。"那位中年顾客却鼓励他说："小伙子，正因为你从来没有唱过歌，或许连你自己都不知道你是个歌唱天才呢！"此时酒吧的经理也出来鼓励他，免得他扫了大家的兴。

小伙子认为大家想看他出丑，于是坚持说只会弹琴，不会唱歌。酒吧老板说："你要么选择唱歌，要么另谋出路。"小伙子被逼无奈，只好红着脸唱了一曲《蒙娜丽莎》。哪知道他不唱则已，一唱惊人，大家都被他那流畅自然、男人味十足的唱腔迷住了。在大家的鼓励下，那个小伙子放弃了弹奏乐器的艺人生涯，开始向流行歌坛进军。这个小伙子后来居然成为了美国著名的爵士歌王，他就是著名的歌手纳京高。

要不是那次偶然的开口一唱，纳京高可能永远坐在酒吧里做一个三流的演奏者。

心灵感悟

<u>不要害怕变化，不要害怕在更多的领域去尝试。开拓视野，大胆向更多的方向涉足，或许你会赢得一片更加辽阔的天空。</u>

手臂被机器切断之后

约翰·汤姆森虽然没有做出什么惊天动地的事，却成为了现代美国人心目中最重要的青少年楷模之一。

18岁的约翰·汤姆森是一位美国高中学生。他住在北达科他州的一个农场。1992年1月11日，他独自在父亲的农场里干活。当他在操作机器时，不慎在冰上滑倒了，他的衣袖绊在机器里，两只手臂被机器切断了。

汤姆森忍着剧痛跑了400米来到一座房子里。他用牙齿打开门闩。他爬到了电话机旁边，但是无法拨电话号码。于是，他用嘴咬住一支铅笔，一下一下地拨动，终于拨通了他表兄的电话，他表兄马上通知了附近的有

关部门。

明尼阿波利斯州的一所医院为汤姆进行了断肢再植手术。他住了一个半月的医院，便回到了北达科他州自己的家里。如今，他已能微微抬起手臂，并已经回到学校上课了。他的全家和朋友为他感到自豪。

美国人为什么喜欢汤姆森呢？有的说，他聪明，用铅笔打电话，还会用嘴打开门。有的说，他喜欢干活，我们喜欢勤劳的人。还有的说，他身体真棒，一定曾努力锻炼身体，不然早没命了。

一位学者概括了这些人的回答，人们除了佩服他的勇气和忍耐力外，还有一种独立精神。他一个人在农场操作机器，出了事又顽强自救，所以他是好样的。

汤姆森的故事里还有这样一个细节：他把断臂伸在浴盆里，为了不让血白白流走。当救护人员赶到时，他被抬上担架。临行前，他冷静地告诉医生：

"不要忘了把我的手带上。"

心灵感悟

在关键的时候，在危难之中能够保持冷静，不遗漏任何值得关注的细节，是一种可贵的品质。

一个森林遇险的游人

一个人在森林中漫游时，突然遇见了一头饥饿的老虎，老虎大吼一声就扑了上来。他立刻用最快的速度逃开，但是老虎紧追不舍，他一直跑一直跑，最后被老虎逼到了悬崖边。

站在悬崖边上，他想："与其被老虎捉住，活活被咬死，还不如跳入悬崖，说不定还有一线生机。"

他纵身跳入悬崖，非常幸运地卡在一棵树上。那是一棵长在悬崖边的梅树，树上结满了梅子。

正在庆幸之时，他听到悬崖深处传来巨大的吼声，往崖底望去，原来有一头凶猛的狮子正抬头看着他，狮子的声音使他心颤，但转念一想："狮子与老虎是类似的猛兽，被什么吃掉，都是一样的。"

刚一放下心来，又听见了一阵声音，仔细一看，两只老鼠正用力地咬着梅树的树干。他先是一阵惊慌，立刻又放心了，他想："被老鼠咬断树干跌死，总比被狮子咬死好。"

待情绪平复下来后，他看到梅子长得正好，就采了一些吃起来。他觉得一辈子从没吃过那么好吃的梅子，他找到一个三角形的枝桠休息，心想："既然迟早都要死，不如在死前好好睡上一觉吧！"于是靠在树上沉沉地睡去了。

睡醒之后，他发现老鼠不见了，老虎和狮子也不见了。他顺着树枝，小心翼翼地攀上悬崖，终于脱离了险境。原来就在他睡着的时候，饥饿的老虎按捺不住，终于大吼一声，跳下了悬崖。

老鼠听到老虎的吼声，惊慌地逃走了。跳下悬崖的老虎与崖下的狮子展开激烈的打斗，双双负伤逃走了。

心灵感悟

再也没有比战胜种种困难更使人感到幸福和快乐的事情了！"快乐忘忧，乃是良药"，在困难和危险面前放松心情，泰然处之，才能迎来胜利，充分享受生命的美好。

落水者

有一天，拿破仑和一个侍卫策马扬鞭，驰骋过一片大森林。"救人！救人！有人掉进水里啦！"远处传来一阵阵紧急的呼救声。"啪！啪！啪！"拿破仑用鞭猛抽三下马，坐骑便风驰电掣般地向呼救的地方奔驰而去。

赶到湖边，拿破仑看到一个士兵正在水里手忙脚乱地挣扎，尖叫着向湖中心漂沉，岸上的几个士兵则惊慌失措地大声呼喊。

拿破仑高声发话："他会游泳吗？"

"他只能比画几下，现在已不行了。陛下，怎么办呢？"一个士兵惴惴不安地答话。

"别慌！"拿破仑马上从侍卫手里拿过一支步枪，并冲落水士兵大声吆喝:"你还往湖中心游啥,还不快向岸边游来!"话音刚落,他平端枪身,朝那人的前方连开两枪。

落水者刚听到拿破仑的命令,又听见"叭!叭!"两声枪响,身前溅起两朵水花。他在惊恐中急忙调转方向,"扑通扑通"地朝拿破仑所站的湖边游来。一会儿,这士兵便游到了岸边。

落水的士兵得救了,他浑身湿漉漉的,像一只"落汤鸡"。他转过身子发现持枪站在那几个士兵旁边的竟是皇帝,吓得魂飞魄散,忙连连拜谢:"陛下我不小心掉进湖里,幸亏您救了我。只是卑下不懂,我快要淹死了,您为什么还要枪毙我?"

拿破仑哈哈大笑:"傻瓜,不吓你一下,你还有勇气游上岸吗?那你才会真的淹死呢!"

士兵们拍拍脑袋,这才恍然大悟,朝拿破仑投去敬佩的目光。原来,拿破仑是用死来逼出士兵的求生意识,进而游回岸边,从而达到了救人成功的目的。

心灵感悟

对生的渴望,使落水者爆发出前所未有的潜能。当你像渴望生一样渴望成功时,成功往往就不是可望而不可即的事情。当我们向太阳奔跑的时候,一切畏惧和负重的影子就都被统统抛到身后了。

断然拒绝

隆美尔在波茨坦军事学院担任教官时,他教育儿子曼弗雷德道:"要勇敢并不难,你只要克服第一次恐惧就行了。"

接下来父亲便一只胳膊下夹着一个很大的橡皮游泳圈,另一只手抓着儿子的手,把儿子带到游泳池边,让他爬上跳板的顶端后往下跳。这时儿子发现,理论与实际之间的差距实在太大。隆美尔把所有的军校学员都召集起来看着小曼弗雷德。这时儿子抗议说:"我不想跳。"

父亲问:"为什么?"儿子朝父亲大声嚷道:"因为我珍惜自己的生命,

你本来知道我不会游泳。"

父亲提醒说，自己带着游泳圈呢。

"如果游泳圈炸了怎么办？"儿子这样问道。

父亲涨红了脸大声向儿子吼道："万一那样，我会跳下来救你的。"

儿子指着父亲的靴子说："可你穿着马靴。"

父亲回答说，如果有必要，他会把靴子脱掉的。儿子悻悻地说："那你现在就把它脱掉。"

父亲环视了一下他的学员，冷冷地断然拒绝了。

于是，儿子断然从跳台梯子上走了下来。

心灵感悟

<u>怯懦者总会找到各种理由拒绝尝试新的事物。这样一来，他永远也不会克服第一次的恐惧，走出自我的局限。</u>

不做逆境的牺牲品

克莱恩是古希腊的一个奴隶。在他生活的那个时代，奴隶只是一种劳动工具，法律规定，除了自由民之外，像他这样的劳动工具是不准从事和追求艺术的，否则就要被宣判死刑。然而，作为奴隶的克莱恩却没有被这不公正的法律吓倒，他以狂热的心态崇拜着艺术和神圣的美，并决心要让自己的雕塑作品在某一天得到伟大的雕塑大师菲迪亚斯的肯定。于是在深爱他的姐姐的帮助下，他把自己的工作放在屋子里的地下室进行，姐姐为他准备了两盏油灯和足够的食物。

地窖里阴暗，潮湿，缺乏氧气，但是为了自己心中的艺术，克莱恩什么样的困难都能克服。

时隔不久，所有的希腊人都被邀请到雅典参观一个艺术品的展览。这次展览在当地的大市场上举行，由伯利克里亲自主持。在他的旁边，站着他所宠爱的阿斯帕齐娅，以及雕刻家菲迪亚斯、哲学家苏格拉底、悲剧诗人索福克勒斯以及其他许许多多的知名人士。

所有伟大的艺术巨匠的作品都被陈列于此。但是，在琳琅满目、美不胜收的艺术珍品中，有一堆作品显得尤为出类拔萃、卓尔不群——它们是那么的精美绝伦，仿佛就是阿波罗本人凿刻出来的。这堆作品成了人们瞩目的中心。所有人都在其摄人心魄的艺术美之前心旷神怡、赞叹不已，就连那些参与竞手的艺术家也一个个心悦诚服地甘拜下风。

"谁是这堆作品的雕刻者？"没有人知道答案。传令官重复了这个问题，人群中还是寂静无声。"那么，这就是一个谜！难道它们会是一个奴隶的作品吗？"

人群中突然出现了一股很大的骚动，一个清纯美丽的少女衣裳凌乱、头发蓬松、双唇紧闭、大大的眸子里满是坚毅的神色，被拖到了大市场里。"这个女人，"当地的行政官声嘶力竭地喊道，"就是这个女人知道雕刻者的底细；我们确信这一点，但是她死活都不肯说出雕刻者的名字。"

姐姐克莉恩受到了严厉的盘问，但是，她的回答只是沉默。她被告知了自己的行为应当受到惩罚，然而，这位勇敢的姑娘还是不作一声。"那么，"伯利克里说道，"法律是神圣不可违背的，而我恰恰是负责执法的大臣。把这位姑娘关到地牢里去。"

当他作出这番宣判的时候，一个有着一头飞扬长发的年轻人气喘吁吁地冲到了他的面前。这个年轻人尽管身材消瘦，满脸憔悴，但那黑黑的眼睛却闪烁着只有天才才有的那种耀眼光芒，就如夜空中的两颗明星一样。他高声地央求道："噢，伯利克里，请饶恕和赦免那个女孩吧！她是我的姐姐，我才是真正的罪魁祸首。那堆雕塑出自我的双手，出自我这个奴隶的双手。"

愤怒的人群打断了他的话，人们群情激昂地喊道："把他关到地牢里去，把这个奴隶关到地牢里。"

但伯利克里站了起来，威严地说道："只要我活着，就不允许这种事情发生！看一看那堆雕塑吧！阿波罗以他的名义告诉我们，在希腊有某些东西要比一部不正义的法律更为重要。法律的最高目的应该是发展美的事物，扶植美的事物。如果说雅典会永远活在人们的记忆中，会名垂史册的话，那是因为她对艺术作出了巨大贡献，是这种贡献使得她永远不朽。不要把那个年轻人关到地牢里去，让他站到我的身边来。"

就这样，当着聚会的成千上万的公众的面，伯利克里把拿在自己手中的用橄榄枝编成的花冠戴在了克莱恩的额头上。与此同时，在人群如雷般的掌声和喝彩声中，他温柔地吻了吻克莱恩深情挚爱的姐姐。

心灵感悟

　　顺境固然好，它可以让你毫不费力地到达自己理想的彼岸，但如果一个人处于逆境之中怎么办？只有秉持着信念之灯继续前行，一直到达阳光地带。正如大多数成功者所坚信的那样："我知道我不是逆境的牺牲者，而是它们的主人。"

顽强意志赢得世人的崇敬

　　亨利·毕克斯特恩出生在威斯特麦兰郡的克伦拜德尔地区，他父亲是个外科医生，他个人也准备继承父业。在爱丁堡求学期间，他就以坚韧刻苦而出了名，他对医学研究专心致志，从不动摇。回到克伦拜德尔地区之后，他积极从事实践活动，但日久天长，他渐渐地对这门职业失去了兴趣，对这个偏僻小镇的闭塞与落后也日益不满。

　　他是那么渴望进一步提高自己，这时他已对生理学发生了兴趣，并有了自己的独立思考。他父亲完全赞成毕克斯特恩本人的愿望，于是把他送到了剑桥大学，以使他在这个世界闻名的大学进一步深造。

　　但过分用功严重地损害了他的身体。为了恢复健康，作为一个医生，他接受了一项职务——即去洛德奥克斯福德当一名旅行医生。在此期间，他掌握了意大利语，并对意大利文学产生了浓厚的兴趣，对医学的兴趣远不如以前了。他打算放弃医学，回到剑桥之后，他决心攻读学位。他成为当年剑桥大学数学学位考试一等及格者。他的努力程度，由此可见一斑。

　　毕业之后，令人遗憾的是他未能进入医学界，他只得进入律师界。

　　但作为一位刚刚毕业的学生，他进了内殿法学协会。他像以前钻研医学一样刻苦地钻研法律。他在给父亲的信中写道："每一个人都对我说：'你一定会成功——以你这非凡的毅力。'尽管我不知道将来会是什么样子，但有一点我敢肯定：只要我用心去干一件事，我是绝不会失败的。"

　　28岁那年，他被招聘进入律师界，虽然也曾经历一段"靠朋友们的捐赠过日子"、"连最必需的衣服、食物都已紧缩到不能再紧缩的地步"、"经济十分拮据"的日子，但他终于成了一位声名显赫的主事官，以蓝格德尔贵族的身份坐在上议院之中。

心灵感悟

毕克斯特恩的成功再一次证明，那些具有非凡毅力、顽强意志的人，经过自己不屈不挠的执著追求，终会换来成功的喜悦，也会赢得世人的崇敬。

爱因斯坦的实验

爱因斯坦曾做过一个有趣的实验：他找了两个人。一个愚钝且软弱，一个聪明且强壮。爱因斯坦找了一块两英亩左右的空地，给他们同样的工具，让他们在其间比赛挖井，看谁最先挖到水。

愚钝的人接到工具后，二话没说，便脱掉上衣干起来。聪明的人稍作选择也大干起来。两个小时过去了，两人均挖了两米深，但均未见到水。聪明的人断定选择错了，觉得在原处继续挖下去是愚蠢的，便另选了块地方重挖。

愚钝的人仍在原地吃力地挖着，又两个小时过去了，愚钝的人只挖了一米，而聪明的人又挖了两米深。愚钝的人仍在原地吃力地挖着，而聪明的人又开始怀疑自己的选择，就又选了一块地方重挖。

两个小时又过去了，愚钝的人挖了半米，而聪明的人又挖了两米，但两人均未见到水。这时聪明的人泄气了，断定此地无水，他放弃了挖掘，离去了。而愚钝的人此时体力不支了，但他还是在原地挖，在他刚把一锹土掘出时，奇迹出现了，只见一股清水汩汩而出。

比赛结果，这个愚钝的人获胜。

心灵感悟

智商高，条件优越，聪明强壮的人，未必一定就能够取得成功。有时候，成功需要的就是一种近乎愚钝的锲而不舍的力量。

两元钱的车

杰森在一家夜总会里吹萨克斯，收入不高，然而，生活却过得有滋有味。他整天乐呵呵的，对什么事都表现出非常乐观的态度。他常对别人说："太阳落了，还会升起来；太阳升起来，也会落下去。这就是生活。"

杰森很爱车，一直梦想有一辆属于自己的车，但是凭他的收入想买车是根本不可能的。与朋友们在一起的时候，他总是说："要是有一部车该多好啊！"眼中充满了无限向往。有朋友就逗他："你去买彩票吧，中了奖就有车了！"

他觉得这个主意不错，就买了两块钱的彩票。也许是上天看他想要车的愿望是如此的强烈，就特别优待于他，杰森凭着两块钱的一张体育彩票，果真中了个大奖。

杰森终于如愿以偿地用这笔奖金买了一辆车，整天开着车兜风，夜总会也去得少了。人们经常看见他吹着口哨在林阴道上行驶，车也总是擦得一尘不染的。然而杰森有车的日子并没有持续多久。一天，他把车停在楼下，半小时后下楼的时候，发现车被盗了。

朋友们得知消息后，想到他那么爱车如命，几万块钱买的车眨眼工夫就没了，都担心他受不了这个打击，便相约来安慰他："杰森，车丢了，你千万不要太悲伤啊！你可要挺住啊！"出乎所有朋友的意料，杰森竟然大笑起来，说道："嘿，我为什么要悲伤啊？"

朋友们疑惑地互相望着，问道："你真的一点儿也不悲伤吗？"

"如果你们谁不小心丢了两块钱，会悲伤吗？"杰森接着说。

"当然不会！"有人说。

"是啊，对我来说，我只不过用两元钱的彩票买了一辆车，我开了这么多天，早已经超值了，我该知足才是啊！"杰森笑道。

心灵感悟

丢掉生活中的负面情绪，要有一种认识挫折和烦恼的胸怀。很多时候，快乐只需要换一个角度便能得到。

距离成功的一点点

有一位年轻人毕业后被分配到一个海上油田钻井队工作。这对于他的专业来说,已经是很好的工作了。他很高兴,也认为自己一定能胜任这份工作。

在海上工作的第一天,严肃的领班要求他在限定的时间内登上几十米高的钻井架,把一个包装好的漂亮盒子拿给在井架顶层的主管。年轻人抱着盒子,快步登上狭窄的、通往井架顶层的舷梯。

当他气喘吁吁、满头大汗地登上顶层,把盒子交给主管时,主管只在盒子上面签下自己的名字,又让他送回去。于是,他又快步走下舷梯,把盒子交给领班,而领班也是同样在盒子上面签下自己的名字,让他再次送给主管。

年轻人看了看领班,犹豫了片刻,又转身登上舷梯。当他第二次登上井架的顶层时,已经累得浑身是汗,两条腿抖得厉害。主管和上次一样,只是在盒子上签下名字,又让他把盒子送下去。

年轻人擦了擦脸上的汗水,转身走下舷梯,把盒子送下来,可是,领班还是在签完字以后让他再送上去。

年轻人终于开始感到愤怒了。他尽力忍着不发作,擦了擦满脸的汗水,抬头看着那已经爬上爬下了数次的舷梯,抱起盒子,步履艰难地往上爬。当他上到顶层时,浑身上下都被汗水浸透了,汗水顺着脸颊往下淌。他第三次把盒子递给主管,主管看着他慢条斯理地说:"把盒子打开。"

年轻人撕开盒子外面的包装纸,打开盒子——里面是两个玻璃罐:一罐是咖啡,另一罐是咖啡伴侣。年轻人终于无法克制心头的怒火,把愤怒的目光射向主管。主管又对他说:"把咖啡冲上。"此时,年轻人再也忍不住了,"啪"的一声把盒子扔在地上,说:"我不干了。"说完,他看看扔倒在地上的盒子,感到心里痛快了许多,刚才的愤怒发泄了出来。

这时,主管站起身来,直视他说:"你可以走了。不过,看在你上来三次的份上我可以告诉你,刚才让你做的这些叫做'承受极限训练',因为我们在海上作业,随时会遇到危险,这就要求队员们有极强的承受力,承受各种危险的考验,只有这样才能成功地完成海上作业任务。很可惜,前

第三篇 ◆ 用信念购买奇迹

109

面三次你都通过了，只差这最后的一点点，你没有喝到你冲的甜咖啡。现在，你可以走了。"

年轻人愣住了。虽然只差一点点，但他还是失去了一次宝贵的机会。

心灵感悟

要获得成功，我们需要忍耐许多痛苦与磨难。如果你已经忍受了足够多的痛苦，那就要自己继续坚持下去，千万不要只差那么一点点就放弃了。

用心画画

有一位画家，很擅长画猫，远近闻名。由于画技高超，笔下的猫都栩栩如生，以致许多人把他的画买回去挂在家里后，甚至家里的老鼠都被吓走了。因此，画家被人们誉为"猫王"。

不过，这位画家比较古怪，一生只带了两个徒弟。

一天，画家把二徒弟叫到跟前，说："你可以出师了，你不但学到了我画猫的全部技巧，而且还在很多方面超过了我。"二徒弟说什么也不愿意离开师傅，但画家态度坚决，二徒弟只好含泪辞别了师傅。

大徒弟见此，便心急火燎地找到画家说："师傅，我也要出师，你为什么只让师弟出师呢？要知道我比他还早来半年呀！"

"的确，你跟我学画的时间比他长一点，但是，你这一辈子，恐怕永远也出不了师。"画家严肃地说。

"为什么？"大徒弟极为不解。

"你跟我学画，只知模仿，却没有任何创新，也就是说，你是在用手画画。而你师弟呢，则是用心来画画，他画的猫在很多细节方面已超越了我。你的基本功虽然很扎实，但不善于思考，这就是你永远出不了师，也永远无法超越你师弟的原因。"大徒弟听后，不服气地走了。

若干年后，大徒弟画的猫在市场上无人问津，而二徒弟则成了远近闻名的"猫神"。人们都说他画的猫已超过了他师傅。

心灵感悟

没有属于自己的东西，干什么事情都难以脱颖而出。

当人们失去希望

美国缅因州的阿拉加什河畔曾有一座欣欣向荣的小镇。小镇的街道一尘不染，建筑物精致华丽，就连普通人家的庭院里也拾掇得干干净净。小镇的居民积极乐观，过着舒适安逸的生活。

天有不测风云。这一年春天，一个可怕的消息在小镇流传：州政府决定在阿拉加什河上建一座水利发电厂，工程师把建坝的地点定在小镇上游河段。也就是说一旦大坝建成，美丽的小镇就会被河水淹没，永远从地图上消失。虽然州长还没有做出最终决定，即使决定了，搬迁计划也要两年后才开始实行，但小镇的居民已经惶恐不安了。一个在小镇长大的年轻人不忍心看着自己美丽的家乡被大水淹没，决定去找州长，说服他把大坝改建在小镇下游。

年轻人拍了很多小镇优美的照片，带着这些照片和必要的行李，他登上了开往班戈（缅因州首府）的火车。州长公务繁忙，没有预约想见到他并不是件容易的事。一周两周过去了，一个月过去了，心急如焚的年轻人终于见到了州长。年轻人讲明来意，描述了小镇繁华美丽的景象，恳请州长重新考虑建坝的位置。

听完年轻人的话，州长说："我很理解你对家乡的感情，但据刚从镇上回来的调查员说，这个镇子并不像你说的那样繁华。他的报告上说：该镇经济萧条，街道肮脏不堪，建筑物年久失修。"

"这不可能，我一个月前刚从镇上来。您看，这是我出发前拍的照片。"年轻人急忙拿出照片。

州长仔细地看着他手里的照片，摇了摇头说："这的确是我们说的那个小镇，但你看看这些照片，"州长从文件夹里取出一叠照片递给年轻人，"这是调查员昨天刚从镇上拍回来的照片。"

年轻人目瞪口呆地看着照片，照片上曾经美丽的小镇已经面目全非。

第三篇 ◆ 用信念购买奇迹

建筑物上伤痕累累，街道上堆满垃圾，疏于打理的庭院中杂草丛生。市中心冷冷清清，到处是出租、转让的招牌。照片上的小镇居民也满面愁容，无精打采。"发生了什么事？是……瘟疫？"年轻人惊讶地问。

"不，孩子。我想这是比瘟疫更可怕的原因——绝望，它的破坏力比洪水、瘟疫都厉害得多，"州长沉痛地说："小镇变成这样是因为人们看不到未来，失去了希望。当人们被绝望征服的时候，生活就彻底变样了。"

心灵感悟

希望可以战胜一切困难，迎来明天的太阳；绝望使人丧失信心，失去前进的力量。

约翰的求职信

约翰很不幸，在他45岁的时候竟然遭遇公司裁员，从此失去了工作。一家6口的生活没了着落，全靠他一人外出打零工挣钱维持，经常是吃了上顿没下顿，有时一天连一顿饱饭也吃不上。

为了找到工作，约翰一边外出打工，一边到处求职。但偌大的社会几乎不给他任何机会。所到之处都以其年龄大或者单位没有空缺为借口将其拒之门外。然而，约翰不因此而灰心，他看中了离家不远的一家建筑公司，于是便向公司老板寄去第一封求职信。信中他并没有将自己吹嘘得如何能干，如何有才，也没有提出自己的要求，只简单地写了这样一句话："请给我一份工作。"

公司老板收到这封求职信后，让手下人回信告诉约翰"公司没有空缺"。但约翰仍不死心，又给公司老板写了第二封求职信。这次他还是没有吹嘘自己，只是在第一封信的基础上多加了一个"请"字："请请给我一份工作。"此后，约翰一天给公司写两封求职信，每封信都不谈自己的具体情况，只是在信的开头比前一封信多加一个"请"字。

3年间，约翰一共写了2500封信，第2500封信中在2500个"请"字后是"给我一份工作"。

见到第2500封求职信时，公司老板再也沉不住气了，亲笔给他回信：

"请即刻来公司面试。"面试时，老板告诉约翰，公司里最适合他的工作是处理邮件，因为他"最有写信的耐心"。

一位记者获知此事后，专程登门对约翰进行了采访，问他为什么每封信都只比上一封信多增加一个"请"字，约翰平静地回答："这很正常，因为我没有打字机，只想让他们知道这些信没有一封是复制的。"当这位记者问老板为什么最后录用约翰时，老板不无幽默地说："当你看到一封信上有2500个'请'字时，你能不受感动吗？"

心灵感悟

千万不要被拒绝吓倒，不要害怕失败。为了成功，进行的努力次数再多也不为过。一旦放弃了，就彻底没有机会了。

生命的空白

拉塞特是一位著名的生物学权威教授，他看到生物学的著述有很多错误，便突发异想地宣称他决定出版一本内容绝无错误的生物学巨著。

经过了一段时间，众人终于在引颈期待中等来了拉塞特教授的生物学巨著出版，书名叫做《夏威夷毒蛇图鉴》。许多钻研生物学的人，迫不及待地想一睹这本号称"内容绝无错误"的生物学巨著。

但每个拿到这本新书的人，在翻开书页的时候，都不禁为之一怔，每个人几乎不约而同地急忙翻遍全书。而看完整本书后，每个人的感觉也全都相同，脸上的表情亦是同样的惊愕。

原来整本的《夏威夷毒蛇图鉴》，除了封面几个大标题的大字之外，内页全部是空白。也就是说，整本《夏威夷毒蛇图鉴》里，全都是白纸。

于是，大批记者涌进拉塞特教授任职的研究所，七嘴八舌地争相访问教授，想弄清楚这究竟是怎么一回事。

面对记者的镁光灯，拉塞特教授轻松自如地回答："对生物学稍有研究的人都知道，夏威夷根本没有毒蛇，所以当然是空白的。"

拉塞特教授充满智慧的双眼，闪烁着奇特的光芒，继续说道："既然整本书是空白的，当然就不会有任何错误了。所以我说，这是一本有史以来，唯一没有错误的生物学巨著。"

拉塞特教授的幽默感，你能领会吗？

心灵感悟

很多人害怕失败，害怕错误，因此而故步自封。这与教授那本空白的《夏威夷毒蛇图鉴》是一样的。不要因为害怕错误而裹足不前，生命笔记当中还有无数的空白页面，等待着我们勇敢地提起行动的彩笔，让它成为丰富灿烂的精美图鉴。我们的人生焉能留白？

雕琢之苦

很久以前，有一个地方，有很多善男信女。政府集资建了一座规模宏大的寺庙。竣工之后，这些善男信女们就开始每天祈求佛祖，能给他们送来一个最好的雕刻师，好雕刻一尊佛像让大家供奉。于是如来佛就派来了一个擅长雕刻的罗汉，让他幻化成一个雕刻师来到人间。

接着雕刻师选了两块石头，一块质地上乘，另一块质地一般。雕刻师自然选择质地上乘的石头。

雕刻师开始了工作。可是，没想到他刚拿起凿子凿了几下，这块石头就喊起痛来。

雕刻的罗汉就劝它说："不受点苦，是不可能改变自己的命运的。不经过细细地雕琢，你永远只是一块不起眼的石头，还是忍一忍吧。"

可是，等到他的凿子一落到石头身上，那块石头依然哀号不已："痛死我了，痛死我了。求求你，饶了我吧！我还是做我不起眼的石头吧！"雕刻师实在忍受不了这块石头的叫嚷，只好停止了工作。

于是，罗汉就用了另外一块质地远不如它的粗糙石头进行雕琢。虽然这块石头的质地较差，但它因为自己能被雕刻师选中，从而内心感激不已，同时也对自己将被雕成一尊精美的雕像深信不疑。所以，任凭雕刻师的刀琢斧敲，它都以坚韧的毅力默默地承受过来了。

雕刻师则因为知道这块石头的质地差一些，为了展示自己的艺术，他工作得更加卖力，雕琢得更加精细。

不久，一尊肃穆庄严、气魄宏大的佛像便赫然立在人们的面前。大家惊叹之余，就把它安放到了神坛上。

这座庙宇的香火非常鼎盛，日夜香烟缭绕，天天人流不息。为了方便日益增加的香客行走，那块怕痛的石头被人们弄去填坑筑路了。由于当初承受不了雕琢之苦，现在只得忍受人来车往、车辗脚踩的痛苦。看到那尊雕刻好的佛像安享人们的顶礼膜拜，它内心里总觉得不是滋味。

有一次，这块曾经质地优良的石头愤愤不平地对正路过此处的佛祖说："佛祖啊，这太不公平了！您看那块石头的资质比我差得多，如今却享受着人间的礼赞尊崇，而我却每天遭受凌辱践踏、日晒雨淋，您为什么要这样偏心啊？"

佛祖微微一笑说："是的，它的资质远远不如你，但是那块石头的荣耀却是来自一刀一锉的雕琢之痛啊！你既然受不了雕琢之苦，只能最后得到这样的命运啊！"

心灵感悟

古今中外大凡有成就者，无一不是吃过苦中苦的。百炼成金，雕琢能让玉器更趋于完美，忍受雕琢之苦方能成大器。人生也是如此，只有那些经历苦难，经过锤炼的生命，才能绽放出不可思议的光彩。

一块有了愿望的石头

法国有一个十分著名的风景旅游点，名字叫做"邮差薛瓦勒之理想宫"。这是法国的一个乡村邮差薛瓦勒亲手建造的。

作为一名邮差，薛瓦勒每天徒步奔走在乡村之间。这工作有些枯燥乏味，但薛瓦勒乐在其中。

一天，薛瓦勒突然被山路上的一块石头绊倒了。他站起来，拍了拍身上的土，正准备再走时，突然被绊倒自己的那块石头吸引住了。只见那块石头的样子十分奇异，薛瓦勒拾在手中左看右看，便有些爱不释手了。

于是，薛瓦勒把那块石头放在了自己的邮包里，继续赶路。薛瓦勒送信时，很多人都看到了他邮包里的石头。

升华
——让生命超越平凡

"把它扔了，你每天要走那么多路，这可是个不小的负担。"人们好意地劝他。

他却取出那块石头，炫耀着说："你们谁见过这样美丽的石头？"

人们都笑了，说："这样的石头山上到处都是，够你捡一辈子的。"

他回家后疲惫地睡在床上，突然产生了一个念头：如果用这样美丽的石头建造一座城堡那将会多么迷人。于是，他每天在送信的途中寻找石头，每天总是带回一块。不久，他便收集了一大堆奇形怪状的石头，但建造城堡还远远不够。

于是，他开始推着独轮车送信，只要发现他中意的石头都会往独轮车上装。

从此以后，他再也没有过上一天安乐的日子。白天他是一个邮差和一个运送石头的苦力，晚上他又是一个建筑师，他按照自己天马行空的思维来垒造自己的城堡。

对于他的行为，所有人都感到不可思议，认为他的精神出了问题。

在二十多年的时间里，他不停地寻找石头、运输石头、堆积石头。在他的偏僻住处，出现许多错落有致的城堡，有清真寺式的、有印度神教式的、有基督教式的……当地人都知道有这样一个性格偏执沉默不语的邮差，在干一些如同小孩子筑沙堡的游戏。

1905年，法国一家报社的记者偶然发现了这群低矮的城堡，这里的风景和城堡的建筑格局令他叹为观止。为此他写了一篇介绍薛瓦勒的文章，文章刊出后，薛瓦勒迅速成为新闻人物。许多人都慕名前来参观城堡，连当时最有声望的毕加索也专程参观了薛瓦勒的建筑。

在城堡的石块上，薛瓦勒当年的许多刻痕还清晰可见，有一句话就刻在入口处的一块石头上："我想知道一块有了愿望的石头能走多远。"据说，这就是那块当年绊倒过薛瓦勒的石头。

心灵感悟

只要梦想不死，一切皆有可能。这就像是那块有了愿望的石头，最终成为了一座漂亮的城堡。

只要布娃娃

快毕业了,教室里的气氛显得沉闷而悲伤,平时在一起免不了磕磕碰碰,但朝夕相处培养出来的友情在毕业的时候才知道原来那么让人伤感和留恋。再加上前途未卜,大家都感到有些迷惘、沮丧,连平日里最活泼的男孩,此时也静静地坐在课桌前为大家写毕业赠言。

明天就要离校了,今天是班级最后一次聚会,班长提议:"我有个建议,大家能不能讲讲自己这些年来所听到的最开心的故事,就当这是最后一次班会吧。"

大家都在心里暗暗"骂"班长:都什么时候了,还有心思讲故事。埋怨归埋怨,大家还是一个个站起来走上讲台,连平常最不爱说话的同学也走上了讲台,充分发挥自己的口才,尽自己所能讲起了最开心的故事。班长的这个办法挺见效,转眼间就把同学们逗得开怀大笑,气氛活跃了起来。

最后讲故事的是班上最不起眼的一个女孩,此时站在讲台上的她笑靥如花,她对大家说:"我没有准备最开心的故事,但是我给大家讲一个最平常不过的故事吧,但愿对大家有所帮助。"

她讲的故事是这样的:圣诞节到了,父亲和他的三个孩子围在炉旁烤火。父亲说:"孩子们,在新的一年到来之际,你们说说各自心中的愿望吧。"

大儿子说:"我最大的愿望是当个科学家,研制出世界上最棒的科技产品!"

二儿子说:"我长大后希望当个将军,指挥千军万马,杀敌立功!"

轮到小女儿了,她歪着头认真地想了一会儿,然后天真无邪地对爸爸笑道:"爸爸,我现在只想要一个布娃娃,您能满足我的这个心愿吗?"爸爸很快满足了小女儿这个平实而又切实的愿望。而另外两个儿子的理想一直也没有实现,甚至永远也不可能实现。

故事讲完了,台下静了几秒钟后,接着是一阵如雷的掌声。

几天后,大家都精神抖擞地走入了社会,寻找属于自己的"布娃娃",不过它或新或旧、或大或小罢了。

心灵感悟

行走在人生路上，并不是每一个远大的理想都会如期地实现，重要的是一步步朝目标靠近。所以，抛开那些不切实际的"理想"，从小处一点点做起。只有先拥有了你的布娃娃。你才有可能拥有更多。

127项宏伟志愿

有一个15岁的美国少年，家境十分贫寒，却理想远大。他15岁那年就写下了气势不凡的《一生的志愿》："要到尼罗河、亚马孙河和刚果河探险；要登上珠穆朗玛峰、乞力马扎罗山和麦金利峰；驾驭大象、骆驼、鸵鸟和野马；探访马可·波罗和亚历山大一世走过的道路，主演一部《人猿泰山》那样的电影；驾驶飞行器起飞降落，读完莎士比亚、柏拉图和亚里士多德的著作；谱一部乐曲；写一本书；拥有一项发明专利；给非洲的孩子筹集100万美元捐款……"

他洋洋洒洒地一口气列举了127项人生的宏伟志愿。不要说实现它们，就是看一看，就足够让人望而生畏了。

少年的心却被自己那庞大的《一生的志愿》鼓荡得风帆劲起。他的全部心思都已被那《一生的志愿》紧紧地牵引着。他从此开始了将梦想转为现实的漫漫征程、一路风霜雪雨，硬是把一个个近乎空想的凤愿，变成了一个个活生生的现实。他也因此一次次地品味到了搏击与成功的喜悦。

44年后，他终了实现了《一生的志愿》中的106个愿望。

他就是20世纪著名的探险家约翰·戈达德。

心灵感悟

很多人都很惊讶于戈达德的力量，竟然可以将那么多注定"不可能"的愿望踩在了脚下。其实很简单，就是源于他15岁时所制订的一项宏伟计划。用44年的时间去实现106个愿望，并不是很难的事情。只要你敢于梦想，并且能够勇敢地迈出第一步。

第四篇

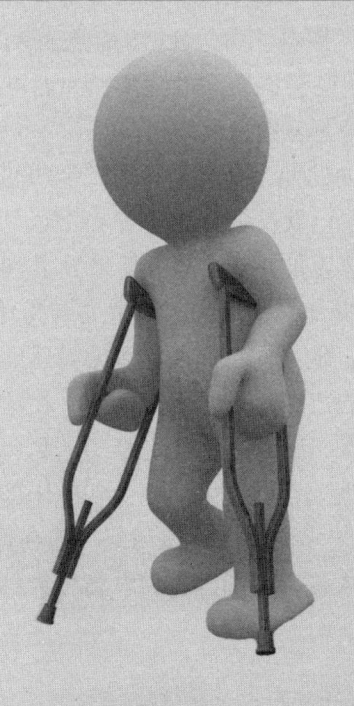

破蛹成蝶

适合自己的鞋

一个男孩子出生在布拉格一个贫穷的犹太人家里。他的性格十分内向、懦弱，没有点男子汉的气概，非常敏感多愁，老是觉得周围的环境都在对他产生压迫和威胁。防范和躲灾的心理在他心中可谓根深蒂固，无法清除掉。男孩的父亲竭力想把他培养成一个标准的男子汉，希望他具有风风火火、宁死不屈、刚毅勇敢的性格特征。

在父亲那粗暴、严厉却又是很自负的斯巴达克式的培养下，他的性格不但没有变得刚烈勇敢，反而更加懦弱自卑，并从根本上丧失了自信心，以至于生活中每一个细节，每一件小事，对他都是一个不大不小的灾难。他在困惑痛苦中长大，他整天都在察言观色。常独自躲在角落处悄悄咀嚼受到伤害的痛苦，小心翼翼地猜度着又会有什么样的伤害落到他身上，看他那样子，简直就没出息到了极点。

这样的孩子，实在太没出息了，让他去当兵，去冲锋陷阵，去做将军元帅吗？让他去从政吧？依靠他的智慧、勇气和判断力，要从各种复杂形势的矛盾冲突中寻找出一种平衡妥当的解决方法，那便是可望而不可即的幻想。他也做不了律师，懦弱、内向性格的他怎么可能在法庭上像斗鸡似的竖起雄冠来呢？做医生则会因太多的犹豫顾虑而不能果断行事，那只会使很多的生命在他的犹豫延宕中遗恨终生。

看来，懦弱、内向的他，确实是一场人生的悲剧，即使想要改变也改变不了。因为他的父亲已做过努力，已毫无希望。

然而，令人始料未及的是这个男孩后来成了20世纪上半叶世界上最伟大的文学家，他就是奥地利的卡夫卡。卡夫卡为什么会成功呢？因为他找到了适合自己穿的鞋，他内向、懦弱、多愁善感的性格，正好适宜从事文学创作。在这个他为自己营造的艺术王国中，在这个精神家园里，他的懦弱、悲观、消极等弱点，反倒使他对世界、生活、人生、命运有了更尖锐、敏感、深刻的认识。他以自己在生活中受到的压抑、苦闷为题材，开创了一个文学史上全新的艺术流派——意识流。他在作品中，把荒诞的世界、扭曲的观念、变形的人格，解剖得更加淋漓尽致，从而给世界留下了《变形记》《城堡》《审判》等许多不朽的文学巨著。

是的，人的性格是与生俱来不可随意硬性逆转的，就像我们的双脚，脚的大小无法选择，但我们可以选择适合于双脚的鞋，有了适合自己的鞋，我们就可以在人生的征途上健步如飞。姚明有了一双适合自己的鞋，就能在NBA赛场上摘星揽月；刘翔有了一双适合自己的鞋，就能在成功的跑道上一飞冲天。

别再抱怨你的双脚，还是去选一双适合自己的鞋吧！

心灵感悟

希腊有句名言：认识你自己。认识自己，就是知道自己擅长什么，明白自己追求的是什么。认识自我，有利于培养信心，有利于扬长避短。选一双"适合自己的鞋"就是要找出一条属于自己的道路。作者用确切的事例把道理说得很透彻，不同性格的人有着不同的路，虽然后天的培养有着很重要的作用，但先天的身体条件和气质特性对人的影响更大。不是所有人天生刚毅果敢，不刚毅果敢也可以有很好的才华呀。气质不同，成就也不同嘛。小朋友，你要好好呵护自己，做自己心灵最贴近的朋友，为自己找双适合自己的"鞋"。只要找准自己选择的道路，并且付出努力去走，你必定会有属于自己的蓝天。

承受困苦

有一些困苦是可以避免的，但有一些困苦对于生命来说却是自然而然的，我们甚至可以从生命诞生的过程观察到，几乎从一开始，困苦就如影随形一般跟随生命。

美国的考门夫人收藏过一个天蛾茧。天蛾茧的形状是：一端一条细管，另一端是个球形的囊。当蛾出茧的时候，它必须先从球形囊爬过那条极细的管，脱身休息片刻，再接着振翅飞去。

蛾的身体那么肥大，而那条管子那么狭窄，人人都会惊奇它是怎样从细管中爬出来的。它肯定要碰到许多的困难，付出许多的代价和气力才做得到。据生物学家们说，蛾还是蛹的时候是没有翅膀的，蜕茧的时候，它要经过极其艰苦的挣扎，以使身体内部的一种分泌液流到翅膀中去，这才生出极强有力的翅膀来。

天蛾出茧的那一天到了。那天，考门夫人刚好发现茧里的蛹在动。她整个早晨很有耐心地守在它旁边，看它努力奋斗和挣扎，可是没有看出它有什么进展。它似乎没有什么出来的希望了！等到中午，她的耐心破灭，决意帮它的忙。她拿起小剪把茧上的丝剪薄了一些，以为这样一来它就可以顺利一些爬出来。果然不错，天蛾竟然毫不费力地爬出来了；但身体反常得臃肿，翅膀反常得短小。它不仅不能拍着翅膀飞翔，而且只蠕动了一会儿工夫就死了，考门夫人感到莫大的遗憾。

我们每个人在一生中都免不了要经历一些困苦，这是谁也不能代替我们承受甚至不能帮助我们减轻的，即使是我们最亲密、最疼爱的人也是如此。

这些困苦对我们来说是自然而然的，是人生中应有之义。它降临在我们身上，自有一些道理。还有一些困苦，是我们要获得某种生活技能和本领必须付出的代价。过去，当一个孩子去学习一门手艺的时候，他的手不小心被弄出了血，痛得呻吟起来，师傅就会安慰他说："那是这门手艺进到你的身体里面去了。"

因此，我们必须坦然地承受困苦，学习在艰难环境中生存的本领，否则，我们不仅不可能有自己强而有力的翅膀，甚至可能在一旦失去护翼时就中途夭折。

这样的时刻是我们一生中困难的时刻，但也是可以证明自己的时刻。当这样的时刻来临时，当我们的亲友只能在一旁看着，喊道："孩子，用力！""孩子，挺住！"的时候，甚至当谁也不在我们身边，我们只是独自一人的时候，严峻的考验也就来临了。

我相信你能通过这一考验！

心灵感悟

对于天蛾来说，独自面对破茧的痛苦，是它生命中必须经历的一道难关。"破茧"终能"成蝶"。我们的好心帮忙反而会变成坏事，害了天蛾的一生。在日常生活中，我们常常会遇到各种各样的困难，例如学习成绩不太理想，做一件事情碰到阻碍等。但是，我们总该鼓起勇气，勇敢地面对困难的挑战。这个挑战可能是泪,也可能是汗,甚至可能是血。不管怎样,我们都要坚强地去承担成长的代价。当接受完困苦的洗礼后,就会突然发现:哦,在困苦的磨炼中,我们已经慢慢长大了!

试金石

　　著名的亚历山大图书馆在一次火灾中被毁之后,人们在废墟中发现了残存的一本书。可惜这本书没有什么学术价值,政府打算把这本书拍卖掉。由于大家都知道这本书学术价值不大,没有人愿意买这本书。最终,一个穷学生以三个铜币的低价购得这本书。

　　这本书不但没有学术价值,连内容也枯燥无味。那名穷学生在少有其他书读的情况下,还是经常拿这本书出来翻阅。

　　翻到后来,书被翻破了,书脊里掉出一个小纸条,上面写着试金石的秘密:试金石是能把任何金属变成纯金的一种鹅卵石,它看起来和其他鹅卵石没有什么两样,它静静地躺在沙滩上,然而,一般的鹅卵石较冷,只有试金石摸起来是温暖的。

　　穷学生获知这个秘密后欣喜若狂,立即赶到大海边寻找试金石。穷学生满怀信心地挑选那些鹅卵石,可是那些鹅卵石摸起来都是凉凉的。穷学生渐渐地有些失望了,他愤怒地把捡起来的鹅卵石往大海深处扔去。他就这样日复一日、年复一年地在海边扔鹅卵石,而且扔鹅卵石的力气越来越大,那些鹅卵石也被越扔越远。

　　多年后的一天,穷学生终于捡到一块温暖的鹅卵石。然而,他已经形成了到手就扔的习惯,当他意识到那是块温暖的鹅卵石时,那块传说中的鹅卵石已经被他扔到了深海中。他懊恼地潜到了海底,寻找了许多天,还是找不到他扔出的那块试金石。

　　穷学生终于失望了,他一无所获地回到了首都。当时,国内正在举行建国百年庆典,国王一时开心摆擂台寻找全国力气最大的人,冠军将被封为伯爵,并可获得大量黄金和良田的赏赐。

　　穷学生随着众人去看热闹,看来看去,觉得那些人的力气都没有自己的力气大。于是他上台去比试,结果把参赛者一个个都打败了,获得了大力士冠军，得到了国王的赏赐。

穷学生变成了富裕而体面的伯爵，他感谢那本给他带来好运的书，决定把那本书重新装订并保存起来。他拆开书脊以便重新装订，却在书脊里发现了夹藏的另外一张纸条，上面写着：世界上没有真正的试金石，你对人生的态度就是试金石。当你老是抱怨没有机会的时候，或许机会真的到了手边你也把握不了。

心灵感悟

态度就是试金石。态度决定我们能不能向成功迈进，因为，成功的关键在于我们是否在不断地追求。如果穷学生发现海滩上的鹅卵石全部是冷的时候就放弃了寻找，不再一次又一次愤怒地把冷冷的鹅卵石扔向大海，那么他就不可能锻炼成为全国力气最大的人，也不会获得人人羡慕的荣誉和财富。

无论做什么事情，态度决定一切。只要我们保持积极向上的态度，奋斗到底，我们迟早都会成功。相反，如果我们只会抱怨，不落实到行动上去争取，这样就算机会来到我们身边，我们也会因为能力不足而眼睁睁地任机会溜走，连机会都抓不住，成功就更不可能了。一个穷学生变成人人敬仰的伯爵，并不是靠运气得来的，而是经过了多年的锻炼。所以，当同学们努力了很久都没有看到进步的时候，请不要气馁，坚持下去，或许成功很快就会来到你的面前呢。

成功就是打个洞

20世纪初，美国史古脱纸业公司买下一大批纸，因为运送过程中的疏忽，造成纸面潮湿产生皱纹而无法使用。

面对一仓库将要报废的纸，大家都不知道如何是好。在主管会议中，有人建议将纸退还给供货商以减少损失，这个建议几乎获得所有人的赞同。

亚瑟·史古脱却不这么想，他认为不能因为自己的疏忽而造成别人的负担。经过一段时间的思考与反复实验，最后，他决定在卷纸上打洞，让纸容易撕成一小张一小张的。

史古脱将这种纸命名为"桑尼"卫生纸巾,卖给火车站、饭店、学校等放置在厕所里。意想不到的是,这种卫生纸巾因为相当好用而大受欢迎。如今,卫生纸已经成为人们日常生活中不可或缺的物品。

20世纪40年代,方块糖虽然是用防湿纸包装的。

但是,密封纸张不管有多厚、有多少层,时间一长,方块糖仍会渐渐变潮,甚至变黄。各家制糖公司动员了不少专家,耗费了不少资金,就是找不到行之有效的防潮方法。

科鲁索是一家制糖公司的普通职员,因为每天都接触方块糖,对方块糖的性能很熟悉,工作之余,他琢磨着怎样才能够找到一个有效的防潮方法。他尝试了很多方法都没有效果。这天,他想,能不能逆向思维尝试一下呢?于是,他在方块糖的包装纸上打了一个洞,结果,空气的对流使得方糖受潮现象一下就消失了,终于解决了很多专家都头疼的问题。

滔滔商海,处处都会遇到障碍、遭受挫折,战胜困难的方法并不一定要投入大量的人力、物力、财力,有时只要拍一拍脑袋,换一种思维,问题就迎刃而解了,财富就会向你滚滚而来。

心灵感悟

孔子说:"学而不思则罔。"人的思维世界的空间是非常广阔的,层面也是丰富多彩的,如果善于开发和挖掘思维空间里的智慧宝藏,我们会获得许多始料不及的成功。

一毫米的价值

美国有一家生产牙膏的公司,产品优良,包装精美,深受广大消费者的喜爱,每年营业额蒸蒸日上。

记录显示,前10年每年的营业额增长率为10~20%,这令董事部雀跃万分。

不过,业绩进入第11年、第12年及第13年时,则停滞下来,每个月维持同样的数字。

董事部对这三年的业绩表现感到不满,便召开全国经理级高层会议,以商讨对策。

会议中,有名年轻经理站起来,对董事部说:"我手中有张纸,纸里有个建议,若您要使用我的建议,必须另付我5万元!"

总裁听了很生气地说:"我每个月都支付你薪水,另有分红、奖励。现在叫你来开会讨论,你还要另外要求5万元,是否过分?"

"总裁先生,请别误会。若我的建议行不通。您可以将它丢弃,一分钱也不必付。"年轻的经理解释说。

"好!"总裁接过那张纸后,阅毕,马上签了一张5万元支票给那个年轻经理。

那张纸上只写了一句话:将现有的牙膏开口扩大一毫米。

总裁马上下令更换新的包装。

试想,每天早上,每个消费者多用一毫米会多出多少倍呢?

这个决定,使该公司第14年的营业额增加了32%。

心灵感悟

一个小小的改变,往往会起到意料不到的效果。

当我们面对新知识、新事物或新创意时,千万别将脑袋密封,置之于后,应将脑袋打开一毫米,接受新知识、新事物。也许一个新的创见,能让我们从中获得不少启示,从而改进业绩,改善生活。

一次思维的创新能够带来意想不到的结果,一毫米的价值远远超过了这个故事的意义,你从中得到启发了吗?

第一名被淘汰了

有一家私营企业招聘秘书,把前来应聘的人安排在会议室分三天进行三次考试。

第一次考试中,小玲便以99分的好成绩位居第一,一位叫小珂的女孩以95分的成绩排在第二。

第二次考试试卷一发下来,小玲感到十分纳闷,因为试题和第一次的试题完全一样。起初她认为是发错了试卷,但监考人员一再强调,试卷没有发错。既然没有发错，小玲也懒得去理会，自信地把笔一挥，还不到考试规定时间的一半，试卷便全填满了。小玲把试卷一交，其他应聘的考生也陆陆续续地把试卷交了上去，各个脸上春风得意，显然，人人都认为自己胜券在握。第二次考试，小玲仍以99分不动摇的成绩排在第一，而那位交卷最晚的女孩小珂以98分的成绩雄踞第二。

第三天准时进行第三次考试。

"这次该不会又是同样的题目吧？"

进考场前，应聘的考生们三个一群、五个一伙地议论纷纷。

试卷一发下来，考场上顿时炸开了锅。

"天哪，你们公司出几道新题难道就那么难吗？"

"是不是拿我们开玩笑？"

"从未见过这种考试，三次都用一样的试题糊弄我们。"

"安静，安静，请大家听我说，这次考题和前两次一样，都是公司的安排。如有谁认为这种考核办法不恰当，你可以放下试卷，我们随时放你出考场。"

监考人员把桌子拍得"啪啪"响。

众考生闻言，只得老老实实地低下头去答卷。

这次考试更轻松，绝大部分考生和小玲一样，根本用不着看考题，"刷刷刷"就直接把前两次的答案给搬上去。不到半个钟头，整个考场都空了。只有那个叫小珂的女孩仍在托腮拍脑、绞尽脑汁地冥思苦想。时而修改，时而补充，直到收卷铃响才满意地把试卷交了上去。

第三次考分出来，小玲长长地舒了一口气——她仍然是99分，仍然排在第一。不过这次她并没有独占鳌头，前两次都名列第二的考生小珂这次也以99分的好成绩和她并列第一。但小玲一点儿也不担心被她挤下来。

第四天录用榜一公布，小玲傻了眼。上面只有考生小珂的名字。小玲当即就找到总经理的办公室，理直气壮地质问他。

"我三次都考了99分，为什么不录用我，却录用了前两次考分都低于我的考生呢？你们这种考核公平吗？"

小玲显得异常激动。

总经理笑嘻嘻地凝视着小玲，直到她心平气和时才开口说话：

"小姐，你先请坐，慢慢听我解释。我们确实很欣赏你的考分，但我们公司并没有向外允诺，谁考了最高分就录用谁。考分的高低对我们来说只是录用职员的一个方面的依据，并非唯一依据。不错，你每次都考了最高分，可惜你每次的答案都一模一样，如果我们公司也像你的答题一样，总用一种思维模式去经营，那能摆脱被淘汰的命运吗？我们需要的职员不仅仅要有才华，她更应该懂得反思，因为善于反思、善于发现错漏的人才能有进步，职员有进步，公司才能有发展。我们之所以三次用同一张试卷对你们进行考核，不仅仅是考你们的知识，也在考你们的反思能力。这次未能录用你，我实在抱歉。"说完，总经理站起身，把手伸向了小玲。

心灵感悟

是啊，一个总是在原地踏步的人，是不能开拓出一片广阔的天地来的；如果一个人不善于反思自己，那么他就永远不能进步。因此，在自己习惯了某种工作方式或思维时，要时时提醒自己，不要为定式所困，要不断地超越自己。

嘉琳的成功

波恩和嘉琳是对孪生兄弟。在一次火灾事故中，消防员从废墟里找出了兄弟俩，他们是从火灾中仅生存下来的两个人。

兄弟俩被送往当地的一家医院，虽然两人死里逃生，但大火已把他俩烧得面目全非。"多么帅的两个小伙子！"医生为兄弟俩惋惜。波恩整天对着医生唉声叹气：自己成了这个样子以后还怎么出去见人，还怎么养活自己？波恩对生活失去了信心，再也没有活下去的勇气，总是自暴自弃地说："与其赖活还不如死了算了。"嘉琳努力地劝波恩："这次大火只有我们得救了，因此，我们的生命显得尤为珍贵，我们的生活最有意义。"

兄弟俩出院后，波恩还是忍受不了别人的讥讽偷偷地服了安眠药离开了人世。嘉琳却艰难地生存了下来，无论遇到多大的冷嘲热讽，他都咬紧牙关挺了过来，嘉琳一次次地暗自提醒自己："我生命的价值比谁都高贵。"

一天，嘉琳还是像往常一样送一车棉絮去加州。天空下着雨，路很滑，嘉琳发现不远处的一座桥上站着一个人。嘉琳紧急刹车，车滑进了路边的一条小沟里。嘉琳还没有靠近年轻人的时候，年轻人已经跳下了河。年轻人被他救起后还连续跳了三次，直到嘉琳自己差点被大水吞没。

后来嘉琳发现自己拾救的竟是位亿万富翁，亿万富翁感激嘉琳，和嘉琳一起干起了事业。嘉琳从一个积蓄不足十万元的司机，凭着自己的诚心经营发展成为一个拥有三亿两千万元资产的运输公司。几年后医术发达了，嘉琳用挣来的钱休整好了自己的面容。

我们常说人在逆境中首先要战胜的不是别人而是自己，战胜了自己也就战胜了别人。我们在最困难的时候战胜了自己，就能顶住外来的压力，成就自己。

心灵感悟

嘉琳真是好样的！他知道得到第二次生命是多么不易，生命和外貌相比确实珍贵多了。丑陋的外貌固然难免遇到冷嘲热讽，我们可以不去理会，因为活得有意义才是最有价值的。

最成功的人，不是天生就一帆风顺的人，而是经过种种考验，坚持在逆境中站起来的人。在逆境中，他首先战胜了自己，包括对压力的恐惧，对自己信心的考验。人连自己都战胜了，还有什么是不能战胜的呢？

你愿意做一个在逆境中成长起来的人吗？你还会埋怨自己天生不如别人富有，怀疑自己天生不及别人聪明吗？你还会为外貌难看而自卑吗？陷入困难时，你还会手足无措、不知如何是好吗？嘉琳给了我们答案：我们在逆境中首先要战胜自己，才能成就自己。

成长的阶梯

一、酒醉后的清醒

16岁的时候，我上到很关键的高三，那时候，已是1984年的秋天。

经过几年高考，全社会对上大学这件事已经变得格外重视。记得1979年，哥哥考上大学的时候，全家虽然也很高兴，但毕竟还没有命运系于高考的压力感。可到了我上高三这一年，已经明显感受到家人、老师对自己的期望。毫无疑问，来年的高考，成了我高三这一年冲刺的目标。

遗憾的是，我自己却没有这种紧张感，在班里，有一半是外地来的住校生，他们大多来自农村，因而成熟得也似乎比我早。平日里，他们勤奋而又刻苦，希望来年的高考一举中的。看着他们都在刻苦学习，我却迟迟找不到感觉，心里也急，也知道高考将至，那会是人生中第一次面临的大考，但长期松散惯了，一脚刹车踩下去，带着惯性的车轮却不会马上停下来。因此，高三上半学期过去，学习虽有些起色，效果却并不明显，成绩在班里一直处于中后水平。直到这学期过后的春节期间，一个意外事件的发生，才如大棒狠击了自己一下，头脑有些清醒过来。

大年初二，我和初中时的同学聚会，不太会喝酒的我们，鬼使神差般地买来很多酒。也许是这个时候，大家面临高考，大多心里没底，压力也大，因而不胜酒力的我们，竟奇迹般将买来的酒都喝了下去。后果自然严重，我神志不清地告别了同学，骑上自行车回家。

由于酒精的作用，一路上，我不知道摔了多少跟头，等到了家门口的时候，我浑身上下的衣服又脏又破，好多地方还流了血，自己却毫无感觉，若无其事地进了家门。

当时，母亲正在做菜，家中姥姥要过生日，一片喜庆的气氛，然而正在做菜的母亲看到走进家门的我，一下惊呆了。可能是我浑身泥土和鲜血的样子，让母亲大为震惊，手中切菜的刀一下将自己的手指切了个口子，母亲的血又染红了菜板。

这时家里一下乱套了，亲人们对我又是心疼，又是生气，而母亲又受了伤。后来我想，那一瞬间，刀伤：不会让她感受到疼，真正的伤痛一定来自于心中。还有半年多，这个儿子就要参加高考，可现如今，他却如此不争气地回到家中，绝望，在母亲的心中该是有一些的吧！

我哥一看事情陷入僵局，于是将我送到他同事的空宿舍里，几天之中不要回家，慢慢养伤，以免回家让母亲看到再生气。

酒很快醒了，我前所未有地感到不安和内疚，一种恨自己不争气的感觉时常出现。

那几天，室外依然是鞭炮长鸣，一派春节的祥和气氛，然而，对我来说，却是人生走过16年之后，第一次孤独地面对自己，开始向自己提问，然后试着解答。浑浑噩噩的生长过程，在这几天之中，突然停下脚步。这一次意外的闯祸，竟成了我新的开始。我意识到自己再也不能这样下去，我已经不是孩子，人生中第一次大考，就要在半年后来临，如若不尽快告别不争气的状态，我将对不起自己和家人。

几天之后，身上的伤全好了；心中的病，在这几天之中，似乎也已经找到了对应的药方。酒醉了一次，却让16岁的生命清醒起来，我想，我不会再让母亲失望的。

回到家，见到母亲，内疚依然。母亲却没有多说什么，我也没有，只是知道，与其说一些什么，不如用行动。我已经明显地感到：16岁，这一顿荒唐的醉酒，竟奇迹般让自己找到了成长的感觉。

或许，这件事竟真的成了一次转折。

二、从表扬得来的自信

从高三下半学期一开学，就真的进了冲刺阶段。如果说，一次醉酒后面对自我，找到了希望向上的动力，那么，这个学期刚开始的一次考试，又让自己找到了自信的感觉，于是，一切都好了起来。

可能是学习成绩在班里处于中下游的时间太长，因而很少得到老师的表扬，心中也就多少有些自卑。

但奇迹发生了。

有一次模拟考试，试题比高考都要难，尤其数学试卷难倒了很多人。老师判完试卷，意外地发现，全班只有两个同学及格，一个是我们班学习成绩历来都很好的同学，另一个就是我。

意外归意外，老师并没有吝啬表扬的话语，在班上，我第一次被表扬得红了脸，同学们也都把佩服的目光投向了我。

第一次得到这种鼓励，心里舒服极了，同时也开始有些兴奋的期望：这一次也许是意外，但我应该对得起人家的表扬，下一次，我得成绩更好！谁也没想到，这一次表扬，竟迅速地使过去"要我学"变成了"我要学"，鼓励对成长所起的作用，我是真正领教了。

这之后，我便开始全身心投入到学习之中，不仅刻苦，而且格外注重学习方法。由于我是学文科的，因而将各科的课本都装订起来，然后制订每天的学习计划，今天的任务完成了，即使时间还有也不再多看；今天的任务没有完成，再晚也不睡觉。大多数时间，我都是提前完成一天的学习计划，于是，学习终于成了一件乐事。

经过一学期的奋战，高考成功了。那一年的8月19日，我接到了北京广播学院的录取通知书，第二天，恰好是我17岁的生日。高考的成功，也就成了我送给自己十七岁最好的礼物。

一转眼时间已经过去了十五六年,不厌其烦地记述以上两件事,不过是想告诉今天十六七岁的朋友们:人不怕犯错误,犯了错误,如果能带着教训和反思爬起来,错误就会成为课堂,与此同时,在一个人成长过程中,得到的训斥如能少一点,而表扬和鼓励多一点,也许每个十六七岁的人前进的脚步会更快一些。这一点,就不是说给少年听的,而是面对老师和家长的了。

很多年过去了,我依然感谢那位表扬我的老师,如果当时,他因为我过去成绩一般,而不肯把表扬给我,甚至对我的成绩表示怀疑,那我就不会迅速从自卑中找到自信,也许结果会是另外的样子。因此,我想,每个少年都渴望成功,但成功必须从自信开始,而自信,可能正是从家人或老师的一次不经意的鼓励开始。想让每一个十六七岁都留下美好回忆吗?请把鼓励给他们吧!

最后愿每个十六七岁的日子都闪光。

心灵感悟

少年时的伤痛对于我们的整个人生来说,是一笔巨大的财富,我们可以在伤痛中学习和成长,在挫折中汲取力量。在经过漫长的挣扎和拼搏之后,我们终有一天会破茧而出。

发挥你的潜能

一位音乐系学生走进练习室。在钢琴上,摆着一份全新的乐谱。

"超高难度……"他翻着乐谱,喃喃自语,感觉自己对弹奏钢琴的信心似乎跌到谷底,消磨殆尽。已经三个月了!自从跟了这位新的指导教授之后,不知道为什么教授要以这种方式整人。勉强打起精神,他开始用自己的十指奋战,奋战,奋战……琴音盖住了教室外面教授走来的脚步声。

指导教授是个极其有名的音乐大师。授课的第一天,他给自己的新学生一份乐谱。"试试看吧!"他说。乐谱的难度颇高,学生弹得生涩僵滞,错误百出。"还不成熟,回去好好练习!"教授在下课时,如此叮嘱学生。

学生练习了一个星期,第二周上课时正准备让教授验收,没想到教授又给他一份难度更高的乐谱,"试试看吧!"上星期的课教授也没提,学生再次挣扎向更高难度的技巧挑战。

第三周,更难的乐谱又出现了。两样情形持续着,学生每次在课堂上都被一份新的乐谱所困扰,然后把它带回去练习,接着再回到课堂上,重新面临两倍难度的乐谱,却怎么样都追不上进度,一点儿也没有因为上周练习而有驾轻就熟的感觉,学生感到越来越不安、沮丧和气馁。教授走进练习室,学生再也忍不住了,他必须向钢琴大师提出这三个月来何以不断折磨自己的质疑。

教授没开口,他抽出最早的那份乐谱,交给了学生。"弹奏吧!"他以坚定的目光望着学生。

不可思议的事情发生了,连学生自己都惊讶万分,他居然可以将这首曲子弹奏得如此美妙,如此精湛!教授又让学生试了第二堂课的乐谱,学生依然呈现出超高水准的表现……演奏结束后,学生怔怔地望着老师,说不出话来。

"如果,我任由你表现最擅长的部分,可能你还在练习最早的那份乐谱,就不会有现在这样的程度……"钢琴大师缓缓地说。

心灵感悟

人往往习惯于表现自己所熟悉的和擅长的领域。但如果我们愿意回首,细细检视,将会恍然大悟:看似紧锣密鼓的工作挑战,永无歇止难度渐升的环境压力,不也在不知不觉间养成了今日的诸般能力吗?因为,人确实有无限的潜力。

蚂蚁的生存环境

这是社会心理学教授的最后一课。

教授带着学生们来到家门前的草坪上。教授指着一棵老槐树说:"这里有一窝蚂蚁,与我相伴多年。"

学生们凑上前观看:树缝里有小洞。小蚂蚁们东奔西跑,进进出出,很热闹。教授说:"近些日子,我常常想办法堵截它们,但未能取胜。"学生们发现,树周围的缝隙、小洞大多被泥巴、木楔给封住了。"可它们总是能从别处找到出路，"教授说，"我甚至动用樟脑丸、胶水，但是，它们都成功地躲过了劫难。"

"有一段时间，我发现它们唯一的进出口在树顶，这是很不方便的；而一周后，我发现它们重新在树腰的空虚处开辟了一个新洞口。"学生们表示钦佩。教授说："蚂蚁们的生存环境不比你们广阔，它们的奋斗舞台实在很狭窄，更重要的是，它们深深理解自己的力量。因此，当它们知道自己无法改变洞口被堵死这一事实时，它们就很快地适应了。而自然界中那些善于拼搏、厮杀的猛兽们，如狮子、老虎、熊，目前的生存境况大多岌岌可危，因为它们似乎不太懂得奋斗的另一层力量——适应。"

最后，教授说："适应环境本身就是奋斗的组成部分，只有在此基础上，开辟战场去对抗生活，才有胜算的光明。"

心灵感悟

达尔文的一句经典名言就是："适者生存。"地球上任何物种如果适应不了它所生存的环境，那么它只有面临被淘汰的命运。一位哲人指出，幸福的大秘诀是：与其使外界的事物适应自己，不如使自己去适应外界的事物。

一个遭遇失败的年轻人

在美国，有这样一个年轻人：他是个大学生，每逢学校过礼拜或放假，他都得赶到父亲开的工厂去上班。他用打工的工资去偿还父母为他垫付的学费和伙食开支；在厂里他跟其他工人一样排队、打卡、上下班，月底就凭车间给他评定的质量分和完成工作的情况来结算工资。

有一次，他因公车晚点而迟到了两分钟，那月的奖金就被扣除了一半。当他终于熬到大学毕业，认为自己可以接管父亲的公司时，父亲不但不让他接管公司，反而对他更加苛刻。他想不明白，父亲是一家公司的董事长，他家并不缺钱花，还经常捐钱给福利院，可就是舍不得多给他一分钱，就连生活费也得定期向父亲索要。他终于被父亲逼出了家门，他觉得自己肯定不是父亲的亲生儿子，要不然怎么会这样对待他呢？他想，反正自己跟父亲已经没有关系，不如去外面另谋生路。

他想去银行贷款做生意，可父亲坚决不给他担保。没有担保人，他就没有办法向银行贷到一分钱。于是他只得去给别人打工，因为复杂的人际关系，他被人挤出了小公司。

失业后，他用打工积累的一点儿资金开了家小店。小店的生意不错，他又开了家小公司。小公司慢慢地就成了大公司。

令他万分痛心的是，公司因为经营管理不善倒闭了。他想到跳楼，但他实在不甘心就这样离开人世。他认真地思索了自己的过去，思索父亲为什么对自己这么冷酷，思索自己在打工和经商中为什么屡遭惨败，他总结了自己失败的教训，但他没有灰心丧气，决心咬紧牙关、挺起胸膛从头再来。

就在他振作精神准备再大干一番的时候，他的父亲出乎意料地找到了他，张开双臂紧紧地拥抱了他，并决定让他接管自己的公司。对于父亲的决定他非常不解，他说："我现在是个一无所有甚至是个失败的人，你为什么还要我接管你的公司呢？"

父亲说："不，孩子，你虽然跟几年前一样，依然没有钱，但你拥有了一段可贵的经历。这段经历对你来说是场艰苦的磨炼，然而它确是可贵的。如果我前几年就将公司交给你，你很难把公司经营管理好，可能你迟早会失去这家公司，最终变得一无所有。可是现在你拥有了这段经历，你会珍惜它，而且会把它管好，还会让它不断发展壮大。孩子，无论干什么事情，不经受一番磨炼是干不好的。"

果然，他不负父亲的期望，将规模不大的公司发展成为一家令全球瞩目的大公司。他就是伯克希尔公司总裁——"美国股神"沃伦·巴菲特。

受父亲的影响，沃伦·巴菲特一生节俭，谨慎从事。他的西服是旧的，钱包是旧的，汽车也是旧的，甚至他住的房子也是旧的。他现在拥有350多亿美元资产，是个真正的富翁，负债率几乎为零。

心灵感悟

经历苦难和磨砺对于一个人的成长是非常重要的。挫折使人积累经验，增强毅力，从而使人更懂得热爱、珍惜自己的事业和生活，也更懂得如何做人与处世，更懂得如何做好、做大、做强自己的事业。

阿昆和流浪汉

当阿昆的手伸进内衣兜里时，他整个人立刻就瘫软在了地上，打工三年积攒的血汗钱不翼而飞了……

他游荡在夜晚的站前广场上，望着忙忙碌碌赶着回家过年的人群，心里充满了绝望。那一刻他想到了死，既然不能坐车回家过年，那就卧轨得了。

当阿昆正走在死亡之路上时，广场边上IC电话亭里一个打电话的男人吸引住了他。这人身上穿着一件分不清颜色的、多处露着棉花的军大衣，脚边放个很小的破破烂烂的行李卷，看来此人混得还赶不上阿昆。阿昆虽然兜里空空，衣着却还光鲜。

这个人侧着脸，低着头，在寒风中正兴高采烈地对着话筒讲着什么，间或还挥着手做些情不自禁的欢乐动作。一个小时过去了，他仍没有要放下电话的意思。阿昆不由有些羡慕地想起了电话那头他的白发苍苍的老母、倚门相望的妻子、活泼可爱的儿子，不由得就有了要哭的感觉，也有了要分享他的幸福的冲动，抬脚就向他那边走过去。

阿昆的脚步声惊动了正打电话的男人，他匆忙地挂了电话，惊恐地转过脸来。阿昆立刻看到了一张苍白、枯瘦、胡子拉碴还有几处结有血痂的脸，那双眼睛躲躲闪闪有些惊恐地望着阿昆。后来，他见阿昆没有恶意，就龇龇牙，抖动着冻得发紫的嘴唇，对着电话说了一句："放心吧，我很好！"说完，他挂了电话，捡起地上的行李卷，嘻嘻地笑着走了。

原来是遇到了一个流浪街头、无家可归的人。那他又是给谁打电话呢？阿昆好奇地凑近电话亭一看，他的眼泪刷地就下来了——

原来电话上并没有插IC卡，他竟然在冰天雪地里自说自话了一个多小时！

10年过去了，阿昆事业有成，家庭幸福。可他知道，他现在所拥有的一切，包括他正延续着的生命：都是那个流浪汉赐予的，然而，那个流浪汉却不知道。

心灵感悟

生活中其实没有绝境，绝境在于你的心没有打开。你把自己的心封

闭起来，使它陷于一片黑暗，你的生活怎么可能拥有光明！在逆境中，我们可以从身边寻找各种力量，努力打开自己的心扉！

一生中最大的幸事

  那年的圣诞前夜是个星期天，因此，往常周日晚在教堂聚会的年轻人打算好好庆祝一下。早礼拜以后，有个妇女恳求罗伯特晚上开车带她的两个十来岁的女儿去教堂。那个妇女离异了，丈夫移居别处。她不喜欢晚上开车——尤其是那天晚上还可能雨雪交加，于是罗伯特答应了。

  当晚，他们开车去教堂，两个女孩坐在罗伯特的身旁。车开上一个高坡，他看到前面不远处的立交桥上许多车撞在一起。因为路面结冰，非常滑，车无法刹住，猛地撞到一辆小车的后部。

  罗伯特身边的一个女孩尖叫了一声："噢，多娜！"他回过头去看那个坐在窗边的女孩怎么样了。当时车内还没有时兴装配安全带，所以她的脸部撞到了挡风玻璃上，落回座位时，锋利的玻璃碎片在她左颊留下两道深深的伤口，血如泉涌，可怕极了。

  所幸这辆车里有急救包，于是用纱布止住多娜的流血。前来调查的交警说事故难以避免，不是罗伯特的责任。可罗伯特仍然内疚不安——一个如花似玉的少女脸上将要带着疤痕过一辈子，而且这可能还是因为他的缘故。

  多娜很快被送到医院急诊室里，医生开始为她缝合脸上的伤口。过了好久，罗伯特担心会出什么事，就问一位护士，手术怎么现在还没有结束。护士说当班的医生恰好是个整形的外科大夫，他缝合细密，很费时间，这样伤痕就会很细微。也许上帝能帮上忙！

  罗伯特害怕去探望住院的多娜，担心她会怒气冲冲地责骂自己。因为是圣诞节，医生们把病人送回家，有些可做可不做的手术也给推迟了。所以多娜病房所在的楼层里并没有多少病人。他问一位护士，多娜的情况怎样。护士微笑着说多娜恢复得挺好。实际上，她就像一束亮丽的阳光。多娜看起来很高兴，对医治、护理方面问这问那。护士向罗伯特透底说，病人不多，她们有自己支配的时间，经常找借口到多娜的病房里和她聊天。

  罗伯特对多娜说发生的一切让他心中非常不安和歉疚。她打住他的道歉，说可以用化妆品遮住疤痕。接着她开始兴高采烈地描述护士们的工作

第四篇 ◆ 破茧成蝶

和她们的想法。护士们围在床头，微笑着。多娜看起来很愉快，她是第一次住院，周围的一切引起了她的极大兴趣。

后来，多娜在学校里成了大家瞩目的中心，她一遍遍地讲述事故的经过和她在医院的经历。多娜的母亲和姐姐并没有因此而责怪罗伯特，反倒感谢他那晚对姐妹俩的照顾。至于多娜，她并没有毁容，而且化妆品确实差不多弥盖了她的疤痕。这让罗伯特的心里感到好些，但他仍难以抑制心中的刺痛——这么美丽可爱的少女，脸上却有疤痕。一年后，罗伯特移居另一个城市，从此和多娜一家失去了联系。

15年以后，那个教堂邀请罗伯特去做一系列的礼拜活动。临结束的那晚，他忽然看到多娜的母亲站在人群中等着和他告别。罗伯特蓦地战栗起来，想起车祸、鲜血和伤疤。多娜的母亲笑容可掬地站到我面前。当她问他知不知道多娜现在怎么样了时，她几乎开怀大笑起来。"不，我不知道多娜怎么样了。"

"那你记不记得多娜住院时对护士的工作极感兴趣？"

"是的，印象很深刻。"

多娜的母亲接着说："嗯，多娜打算做一名护士。她接受培训，并以优异成绩毕业，在一家医院找了份不错的工作，结识了一位年轻的医生并相爱结婚。婚姻很美满，现在已有了两个漂亮可爱的孩子了。多娜告诉我，不要忘了向您提起，那次车祸是她一生中最大的幸事！"

心灵感悟

一位哲人说：真正的幸事往往以苦痛和丧失希望的面目出现；只要我们有耐心，就能看到柳暗花明。一个抱着正确的人生态度的人，常常会把逆境当作自我发展的最好时机。

一面墙改变一个人的命运

沃尔顿收到了著名的耶鲁大学的录取通知书。但是，因为家穷，他交不起学费，面临失学的危机。他决定趁假期去打工，像父亲一样做名油漆工。

沃尔顿接到一笔为一大栋房子做油漆的业务，尽管房子的主人迈克尔很挑剔，但给的报酬很高。沃尔顿很高兴地接受了这桩生意。在工作中，沃尔顿自然是一丝不苟，他认真和负责的态度让几次前来查验的迈克尔感到满意。这天，是即将完工的日子。沃尔顿为拆下来的一扇门板刷完最后一遍漆，刚刚把它支起来晾晒。做完这一切，沃尔顿长出了一口气，想出去歇息一下，不料却被脚下的砖头绊了个跟跄。这下子坏了，沃尔顿碰倒了支起来的门板，门板倒在刚粉刷好的墙壁上，墙上出现一道清晰的痕迹，还带着红色的漆印。沃尔顿立即用切刀把漆印切掉，又调了些涂料补上。可是，做好这些后，他怎么看觉得补上去的涂料色调和原来的不一样，那新补的一块和周围的也显得不协调。怎么办？沃尔顿决定把那面墙再重新刷一遍。

大约用了半天时间，沃尔顿把那面墙刷完了。可是，第二天沃尔顿又沮丧地发现新刷的那面墙壁又显得色调不一致，而且越看越明显。沃尔顿叹了一口气，决定再去买些材料，将所有的墙重刷，尽管他知道这样做，他要比原来多花近一倍的本钱，他就赚不了多少钱了，可是，沃尔顿还是决定要重新刷一遍。他心中想的是，要对自己的工作负责。

他刚把所需要的材料买回来，迈克尔就来验工了。沃尔顿向他说了抱歉，并如实地将事情和自己内心的想法说了出来。迈克尔听后，不仅没有生气，反而对沃尔顿竖起了大拇指。作为对沃尔顿工作的负责态度的奖励，迈克尔愿意赞助他读完大学。最终，沃尔顿接受了帮助。后来，他不仅顺利读完大学，毕业后还娶了迈克尔的女儿为妻，进入了迈克尔的公司。10年后他成了这家公司的董事长。现在提起世界上最大的沃尔玛零售公司无人不知，可是没有多少人知道，现在公司的董事长就是当年刷墙的穷小子。

心灵感悟

一面墙改变了沃尔顿的命运，更确切地说，是他对工作的负责态度改变他的命运。

谁能造福人类

美国新泽西州的一所学校里，有一个这样的班：这个班共有26名学生，个个都曾有过不光彩的历史，或吸过毒，或进过少年管教所。他们来这里后，依旧我行我素，家长和老师对他们无可奈何，故而嫌弃他们。

新学年开始时，一个新来的女教师接管了这个班，她的名字叫菲拉。上第一堂课时，菲拉一反惯例，并不是声色俱厉地训斥，而是意味深长地给孩子们出了这样一道题：

在世界现代史上有这样三个人：第一个人信奉巫医，酗酒成癖，嗜酒如命，有两个情妇；第二个人贪睡，每天到中午才起床，每晚要喝一公斤白兰地，曾因吸食鸦片被两次赶出办公室；第三个人曾是国家战斗英雄，他坚持素食，不吸烟，只是偶尔喝一点儿啤酒，年轻时无违法犯罪记录。请大家想想，后来这三个人中哪一个能成为造福人类的人？无一例外，孩子们都认为能为人类造福者肯定是第三个人。

然而，女教师的答案却出乎大家的意料："你们错了！这三个人都是第二次世界大战期间的风云人物：第一位是富兰克林·罗斯福，身残志坚，连任四届美国总统；第二位是温斯顿·丘吉尔，英国历史上最著名的首相，曾获1953年诺贝尔奖；第三个是臭名昭著的阿道夫·希特勒，一手夺去了无数无辜生命的法西斯恶魔。"

这位女教师太伟大了！

她宣布这样一个启人心智的答案，让孩子们的心灵深处产生了强烈的震撼。

心灵感悟

曾经的污点只能说明过去，根本不能说明现在和将来；而能够说明现在和将来的，唯有自己现在和将来的所作所为。

盘尼西林的发现

盘尼西林的发现，一直被认为是医药界的伟大发现。它的发明者是英国化学家佛莱明，而佛莱明当时的工作条件很不好。实验室又小又破旧，从来不引起别人的注意。但他仍是充满活力地做着他的研究工作。

有一天，偶然从破了的窗子外面随风飘进来一些灰尘，落在了他做试验的细菌培养皿之中，让他发现了盘尼西林。

几年之后，他去参观一个现代化的实验室，这个实验室的外观辉煌，里面设备新颖，除了有先进的仪器设备外，还有当时不多见的中央空调系统。整个实验室一尘不染。

实验室主任转头对佛莱明说："博士，当初您如果能在这样的实验室从事研究，相信您一定能够发现更多有益人类的好东西。"

佛莱明淡淡地说："我想也是这样，但是，肯定是不会发现盘尼西林的。"

其实，无论我们身处何种不利的环境，都不必羡慕他人的优越。机会与幸运对于每个人都是公正的，只看你是否用心去把握了。

即使在残破的屋子里，佛莱明还是有机会发现了盘尼西林，而那些拥有豪华、先进、昂贵的实验室的人，只能惊叹他的发现！

心灵感悟

其实，幸与不幸，贫穷或富有，成功与失败，只在于个人的努力和奋斗，与境遇无关。

珠宝商的"幼稚"

荷兰东部一位名叫德布尔的珠宝商，为庆祝10周年店庆，别出心裁地向4000名顾客发出邮件，其中200个信封里装有钻石，其余的则装着看起来像钻石，但价格要便宜得多的锆石。邮件寄出之后，他就开始等待他期待中的人们的赞美和谢意。

可是每次邮递员来，带给他的都是失望。怎么回事呢？难到大家收到了不要钱的锆石，连写封感谢信都没有兴趣？左等右等，他终于沉不住气了，于是开始打电话向一些顾客询问"这到底是怎么回事"？询问的结果，使德布尔又好气又好笑。原来，顾客们早已对邮箱中的广告邮件不胜其烦，他们中的绝大多数人，只要见了那些来自某某公司和某某商家的邮件，就把它们扔到垃圾桶里去。自然，德布尔寄出的那些装有宝石和锆石的邮件，也被他们当作"垃圾邮件"扔掉了。得出这一结果后。德布尔在当地媒体上表示："我实在是太幼稚了，我忘了现在的人已经再也不会相信这种邮件了。"

心灵感悟

宝石的光芒，穿透不了人们的习惯性思维，一个人如果过于"沉得住气"，有些事他将永远也弄不清真相。

聪明的汉斯卖土豆

在德国农村，土豆是最主要的农作物。

一到收获的季节，农民就进入最繁忙的状态，他们不仅要把土豆从地里收回来，而且还要把它运到附近的城里去卖。原先，农民都有一个习惯，就是收获的土豆，按大小分为大、中、小三类，这样比混在一起卖能多赚钱。

但是，要把堆成小山一样的土豆分开来，却不是一件容易的事，要花费大量的劳动力，也影响土豆及时上市。

可汉斯一家从来没有人专门去分土豆，他们总是把土豆直接装进麻袋，运到城里去卖，而且价格卖得也不错。

这是怎么回事呢？

原来汉斯在向城里送土豆时，没让汽车走平坦的公路，而是选择了一条颠簸不平的山路。

这样经过10英里的颠簸，小土豆就自然落到麻袋的最底部，大的则留在了上面。

这样，汉斯卖土豆时仍然按大小分类，一样卖得好价格。

心灵感悟

注意生活中的每一个细节，充分利用其中的特点，可能会方便很多。

敲门就进去

一个姑娘经历了诸多的挫折，怎么也找不到一个成功的入口。她很迷茫，心情也很坏。

一次，她到美国旅游，在参观旧金山市政府的时候，兴致格外高涨，信步漫游。在市长办公室门口，她不由自主地敲了门，谁知，一个壮实威严的保镖走了出来，惊问道："小姐，我能帮你什么吗？"她愣住了：不知该怎么回答。停顿了一会儿，心想，既然敲了门，那就进去看看吧。她精神十足地对保镖说："我能进去看看市长吗？"

壮汉保镖仔细打量了她一番，说道："可以啊，不过，你得稍等片刻。"说罢，他用监视器和市长通话，联系见面的时间和地点。不一会儿，那个胖嘟嘟的市长，大腹便便地走了出来，很高兴地和她一起拍照、聊天，像一对神交已久的忘年交。

那一次，她特别开心，心情很好。

美国之行结束后，她悟出了一个道理：敲门就进去。明白这个道理之后，她便义无反顾地走下去，终于找到了成功的入口，成为国内某知名证券公司银行部的经理。

她就是央视《说名牌》双胞胎美女主持之一———马嵘乔。

敲门就进去，是一种难得的精神，更是走向成功的敲门砖。不少人在敲响一扇门之后，心里忐忑不安、信心全无，进而转身离去。这是怎样的一种遗憾啊。

既然敲了门，既然迈开了步子，为什么就不进去呢？是信心不够使然，还是勇气不够使然？长此以往，机会只是在眼前闪现片刻，便消失得无影无踪，成功的入口永远在遥不可及的地方。

心灵感悟

长时间的坚持固然重要，但接近终点时，片刻的决断，往往显得更为紧迫和珍贵。我们也许有长途跋涉的勇气，有长期吃苦的准备。但有时，缺乏的正是敲门就进去的精神。

拿破仑一生最大的失败

滑铁卢战役之后，拿破仑被流放到南大西洋上一个叫做海伦娜的孤岛上，成了终身囚犯。面对浩瀚的大海，他常想从岛上逃走，但他对岛上的地形一无所知，逃走是不可能的！有一次，一位好友去看他。因为总是有人监视着他们，所以他们只是回忆谈论旧日的时光。分手时，朋友拿出一副用象牙和软玉做成的象棋对拿破仑说："我把这个送给你，也许能用得上。"拿破仑非常喜欢这副棋，经常捏弄棋子，研究棋谱以打发他的余生。

等拿破仑死后，他生前所用过的部分东西被拍卖，那副象棋也以不菲的价格几经买卖，最后被法国国家博物馆收藏。工作人员在清洗棋子的时候，发现象棋的底部可以拧开。他们将它打开后大吃一惊，里面竟是一张逃离孤岛的详细地图。遗憾的是，拿破仑没能发现这个秘密，枉费了他朋友的良苦用心。这是拿破仑一生最大的失败。

心灵感悟

拿破仑说过："如果你笑我个子矮，我将砍下你的头颅。"这不是一种霸气，而是一种卑微身躯里焕发出的强大力量和自信。令人可叹的是，滑铁卢一败被流放到孤岛，他只能以捏弄棋子打发他的余生，此前他的种种绝处逢生、化险为夷的传奇便不再发生。身处逆境而丢掉希望的人，生活是不会为他打开一扇门的。

炸药之父诺贝尔

一说起诺贝尔，人人都知道他是"炸药之父"。诺贝尔是瑞典人，他的父亲也喜欢发明创造，有过很多发明。诺贝尔从小受到父亲的熏陶，因此，对科学产生了浓厚的兴趣。

9岁那年，诺贝尔的父亲在俄国圣彼得堡开设了一家工厂，专门制造军用机械，为此，他们全家人离开了瑞典。在父亲的工厂里，诺贝尔发现了很多好玩的东西，他不停地进行着发明创造，他自己发明了火药、地雷，尽管受到了父亲的严厉禁止，但他依然乐此不疲。为了实现自己的理想，诺贝尔曾远涉重洋，跟随瑞典籍的美国大发明家艾利克逊学习。

俄国和英法联军发生战争后，诺贝尔家生产的水雷供不应求，为了让俄国早日获胜结束战争，俄国专家找到了诺贝尔，他们想制造威力更大的炸弹，并留下一小瓶硝化甘油让诺贝尔做实验。

硝化甘油是意大利科学家沙布利诺于1847年发明的，因为试管中的硝化甘油突然爆炸，沙布利诺受了重伤，从此便停止了试验。由于硝化甘油呈液化状态，稍微有点疏忽，就会发生可怕的爆炸，因此，诺贝尔反复试验。最后研制了"雷管"，它的出现可以使硝化甘油安全地爆破矿山和隧道。

　　接着，诺贝尔成立了一家硝化甘油公司，很快，火药工厂就开始制造硝化甘油，这个工厂就是诺贝尔火药工业公司的前身。诺贝尔的弟弟艾米尔也是个炸药迷，他每天泡在工厂帮哥哥做试验。一天，由于大意，工厂突然发生爆炸，等诺贝尔和父亲赶到现场时，工厂已变成一片废墟，诺贝尔最疼爱的小弟艾米尔当场被炸死，这个重大打击，使父亲突发脑溢血，母亲终日以泪洗面，诺贝尔却没有放弃试验，他发誓说："我一定要找出安全使用和存放硝化甘油的方法。"

　　可是，工厂被政府勒令停工，并禁止诺贝尔在市区5公里内做试验，他跑到乡村，仍然遭到拒绝，最后，他只得购买了一艘大船，在河里反复做试验。尽管如此，其他船只仍然感到害怕，不许他的"水上工厂"靠近。他不得不经常变动停泊位置。

　　硝化甘油炸药又生产出来了，经过诺贝尔的亲自示范表演，人们总算打消了疑虑，订单源源不断，诺贝尔重新开办了一个火药工厂。从此，这座小小的工厂支配着全世界的火药界。

　　但实际上，硝化甘油的安全系数依然不高。它没有发生意外是因为当时气候寒冷，在低温下硝化甘油不易爆炸。

　　由于硝化甘油是一种黏稠的液体，一些人竟以为这是一种润滑油和光亮剂，甚至用它来擦皮鞋和皮衣。

　　后来，一艘装有硝化甘油的轮船发生爆炸，致使17人死亡；还有一次在旧金山一个仓库里，硝化甘油爆炸又造成14人死亡。这些事件立刻成为头条新闻，报纸强烈谴责诺贝尔的硝化甘油。

　　面对这些不绝于耳的责难，诺贝尔并没有放弃。最后，他研制出一种用雷管引发的、固体状态的硝化甘油炸药。

　　经过审查，大家都认为：这是一种安全的产品，在使用和运输方面绝对可以放心。

　　一种可怕的危险品从此变成赐福人类的大功臣，诺贝尔也因此成为世界闻名的发明家。

心灵感悟

人生不如意事十之八九，面对挫折，你是"屡战屡败"，还是"屡败屡战"？

成功者的黑夜

一位面试官拒绝了一个年轻人的请求，因为他的嗓音不符合广播员的要求。面试官还告诉那个年轻人，由于他那令人生厌的长名字，他永远也不可能成名。

这个年轻人就是后来印度电影界的"千年影帝"阿穆布·巴克强。

1962年，4个初出茅庐的年轻音乐人紧张地为"台卡"唱片公司的负责人演唱他们新写的歌曲。这些负责人对他们的音乐不感兴趣，拒绝了他们发行唱片的请求，其中一位甚至还说："我不喜欢他们的声音，吉他组合很快就会退出历史舞台。"

这4个人的音乐组合名字叫做"披头士"。

1944年，"名人录"模特公司的主管埃米琳·斯尼沃利告诉一个梦想成为模特的女孩——诺马·简·贝克："你最好去找一个秘书的工作，或者干脆早点嫁人算了。"

这个女孩后来的艺名叫做玛丽莲·梦露。

1954年，"乡村大剧院"旗下一名歌手首次演出之后就被开除了，老板吉米·丹尼对那名歌手说："小子，你哪儿也别去了，回家开卡车去吧。"

这名歌手名叫艾尔维斯·普雷斯利，绰号"猫王"。

1940年，一位年轻的发明家切斯特·卡尔森带着他的专利走了二十多家公司，包括一些世界上最大的公司，它们无一例外地拒绝了他。1947年，在他被拒绝7年后，终于，纽约罗彻斯特一家小公司肯购买他的专利——静电复印。

这家小公司就是后来的施乐公司。

还有一个黑人小姑娘，在家中22个孩子中排行20，由于她出生时早产而险些丧命。她4岁时患了肺炎和猩红热，她的左腿因此而瘫痪。9岁时，她努力脱离金属腿部支架独立行走。到13岁时，她勉强可以比较正常地行走，医生认为这是一个奇迹。同年，她决定成为一名跑步运动员。她参加了一项比赛，结果是最后一名。随后的几年，她参加每一项比赛都是最后一名。每个人都劝她放弃，但是她还是跑着。直到有一天，她赢得了一场比赛。此后，胜利不断，直到在每一场比赛中取胜。

这个黑人小姑娘就是"黑色羚羊"威尔玛·鲁道夫，3枚奥运金牌的获得者。

心灵感悟

几乎每个成功者都会经历无数的挫折和打击。挫折和打击，是通向成功所必经的艰难道路，如果一个人正在遭遇挫折，那么他也正走在通向成功的路上。

博迪与《潜水衣和蝴蝶》

博迪是法国的一名记者，1995年，他突然心脏病发作，导致四肢瘫痪，而且丧失了说话的能力。被病魔袭击后的博迪躺在医院的病床上，头脑清醒，但是全身的器官中，只有左眼还可以活动。可是，他并没有被病魔打倒，虽然口不能说，手不能写，他还是决心要把自己在病倒前就开始构思的作品完成并出版。出版商派了一个叫门迪宝的笔录员来做他的助手，每天工作6小时，给他的著述作笔录。

博迪只会眨眼，所以就只有通过眨动左眼与门迪宝来沟通，逐个字母逐个字母地向门迪宝背出他的腹稿然后由门迪宝抄录出来。门迪宝每一次都要按顺序把法语的常用字母读出来，让博迪来选择，如果博迪眨一次眼，就说明字母是正确的。如果是眨两次，则表示字母不对。

由于博迪是靠记忆来判断词语的，因此，有时就可能出现错误，有时他又要滤去记忆中多余的词语，开始时他和门迪宝并不习惯这样的沟通方式，所以中间也产生了不少障碍和问题。刚开始合作时他们两个每天用6小时默录词语，每天只能录一页，后来慢慢加到3页。几年之后，他们历经艰辛终于完成这部著作。据粗略估计，为了写这本书，博迪共眨了左眼二十多万次。这本不平凡的书有150页,已经出版,它就是《潜水衣与蝴蝶》。

这个世界上,聪明的人并不很少;而成功的,却总是不多。很多聪明人之所以不能成功,就是因为他在已经具备了不少可以帮助他走向成功的条件时,还在期待能有更多一点成功的捷径展现在他面前;而能成功的人,首先就在于,他从不苛求条件,而是竭力创造条件——就算他只剩了一只眼睛可以眨。

心灵感悟

不苛求条件,而是竭力创造条件,在这样的精神面前,就算剩下一只眼睛,也依然阻挡不了一个人成功的步伐,依然不能打败一个拥有坚强精神的生命!

第一个海星

有一位动物学家长年驻守在一个岛上,专门从事对猴子的研究工作。一天,一只小猴子出生了。动物学家给它取名叫"依蒙"。

在一个清晨,出生后不久的依蒙独自向海边走去。那一刻,岛上的猴子们全都安静了,整个小岛也宁静了,动物学家那一刻也停住了,大家好像都在等待着什么。所有猴子的眼睛和动物学家的眼睛都随着依蒙在向海边移动。为什么会这样呢?

原来,在依蒙出生前,岛上的猴子们世世辈辈没有一个到过海边,没有一个猴子碰过海水。这是什么原因,连动物学家也百思不得其解。自从他见到岛上第一只猴子起,他就从来没有见过有任何一只猴子靠近过海水。他也曾试着用各种方法让猴子们去接近大海,但都未成功,或许是第一只猴子就不曾到过海边的原因,以后在这个岛上出生的猴子就没有一只敢靠近海的。

不一会儿,依蒙走到了海边,它先用一只脚沾了沾清凉的海水,然后又用另一只脚也沾了沾,随后大家发现依蒙竟跳进海水,用两只胳膊拍打起海水来,样子看上去很欢快的样子。它在海水中跑着、跳着,并且还招呼其他的猴子跟它一起来玩海水。可是，其他的猴子没有一个敢过来的，依蒙仍旧在海边玩着。

这一天就这样过去了，但这一天，对那位动物学家来说可是非同寻常的一天。第一次，一只猴子，自己下水了。此后，一直都是依蒙独自在海边玩耍，在海里洗澡。

不久，岛上又出生了一只小猴子。在一个温暖的早晨，整个小岛又一次宁静了，原来所有猴子和那位动物学家看到依蒙竟然拉着那只小猴子的手，向海边走去。一会儿工夫，它们到了海边，随后大家就看到它们俩在海水中玩得十分开心、欢畅。它们向岛上的其他猴子招手，让它们也到海水中一起玩耍，但，最终仍只是它们俩在快乐地玩着。动物学家在海边观察着它们，竟兴奋得一整夜没睡觉，他要为那只小猴起个名字。清晨，动物学家想出了一个很好听的名字"海星"，他决定，以后岛上出生的小猴，只要能去海里玩耍的，都叫它们"海星"。

不久，岛上又出生了一只小猴子，同样是依蒙带着它到海边，接触海水，最后它们在海中高兴地跳着。就这样，每出生一只猴子，依蒙都会带它去海边玩耍。

如今，岛上已经有了第100个海星，而这100个海星每天都在海边愉快地玩耍。

心灵感悟

正所谓"初生牛犊不怕虎"，越是年轻的人，在思想上就越少顾虑，敢作敢为。一方面是因为勇气可嘉，更重要的是他们对于危险的"未知"。他们没有根深蒂固的对于"巨大危险"的印象，所以他们也更敢于去尝试，去探索。

被抛弃的心愿石

有个年轻人，一直幻想自己有朝一日能成为富翁，他想发财想到几乎发疯的地步。每当听到哪里有财路，他便会不辞劳苦地前去寻找。有一天，他听说附近深山中有位白发老人，若有缘与他见面，则有求必应，肯定不会空手而归。

于是，那年轻人便连夜收拾行李，赶上山去。

他在那儿苦等了半个月，终于见到了传说中的老人，他向老者请求，赐珠宝给他。

老人便告诉他说："每天早晨，太阳未东升时，你到村外的沙滩上寻找一粒'心愿石'。其他石头是冷的，而那颗'心愿石'却与众不同，握在手里，你会感觉到很温暖，而且它会发光。一旦你寻到那颗'心愿石'后，你所祈祷的东西就可以实现了。"

青年人很感激老人，便赶快回村去了。

每天清晨，那个青年人便在沙滩上捡拾石头，发觉不温暖也不发光的，他便丢下海去。日复一日，月复一月，那青年在沙滩上寻找了大半年，始终也没找到温暖发光的"心愿石"。

有一天，他如往常一样，在沙滩开始捡石头。一发觉不是"心愿石"，他便丢下海去。一粒、二粒、三粒……突然，"哇"的一声青年人哭了起来，因为他刚才习惯性地将那颗"心愿石"随手丢下海去后，才发觉它竟然是"温暖"的！

心灵感悟

当机会来临时，很多人都会习惯性地让它从手上溜走。等你回过神来，发觉真相时，已悔之晚已。

第五篇

体验生命的律动

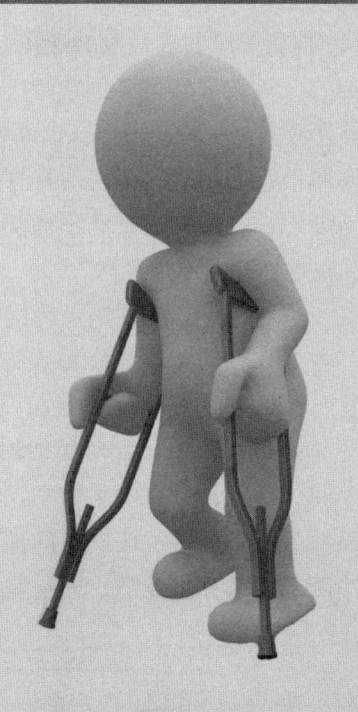

她改变了世界

这是一位普通的父亲讲述的故事：

一个星期前，女儿凯瑟琳打来电话，说山顶上有人种了水仙，执意要我去看看，此刻我正在勉勉强强地赶着那两个小时的路程。

通往山顶的途中不但刮着风，而且还被浓雾封锁着，我小心翼翼地慢慢将车开到了凯瑟琳的家。

"我是一步也不能走了，"我宣布，"我留在这儿吃饭，只等雾一散开，立刻打道回府。"

"可是我需要你的帮忙。将我捎到车库那儿，让我把车开出来，好吗？"凯瑟琳说，"至少这个我们做得到吧？"

"离这儿多远？"我问。

"3分钟左右，"她回答说，"我来开车吧！我已经习惯了。"

10分钟以后还没有到。我焦急地望着她："我记得你刚才说的是3分钟就可以到。"

她咧嘴笑了："我们绕了点弯路。"

我们已经到达山顶，顶着如厚面纱一般的浓雾。值得这么做吗？我想。

我们经过一座小小的石筑教堂，又穿过它旁边的一个小停车场，沿着一条小道继续前行。雾气散去了一些，透出灰白而带着湿气的阳光。

这是一条铺满了厚厚松针的小路。茂密的常青树罩在我们上空，右边是一片很陡的斜坡。渐渐地，这地方的平和宁静抚慰了我烦躁的情绪。突然，在转过一个弯后，我吃惊得喘不过气来。

就在我的面前，就在这山顶上，就在这一片沟壑和树林灌木丛间，有好几英亩地的水仙花。各式各样的黄花怒放着，从象牙般的浅黄到柠檬般的深黄，漫山遍野地覆盖着，像一块美丽的地毯，一块燃烧着的地毯。

是不是太阳把阳光全倾倒了出来，如小溪般将它们漏在山坡上？在这令人迷醉的黄色的正中间，是一片紫色的风信子，如瀑布般倾泻其中。一条小径穿越花海，小径两旁又是成排的珊瑚色的郁金香。仿佛这一切还不够美丽似的，偶尔有一两只蓝鸟掠过花丛，或在花丛间嬉戏，它们品红色的胸脯和宝蓝色的翅膀，就像熠熠生辉的宝石。

一大堆的疑问涌进我的脑海：是谁创造了这么美丽的景色和这样一座完美的花园？为什么？为什么在这样的地方？在这个荒无人烟的地带？这座花园又是怎么建成的？

走进花园的中心，有一间小屋，在小屋门上我们看见了一行字：

我知道你想问什么？这儿是给你的回答。

第一个回答：一位妇女——两只手、两只脚和一点点想法。第二个回答：一点点时间。第三个回答：开始于1958年。

回家途中，我沉默不语。我震撼于刚刚所见的一切，几乎无法说话。"她改变了世界，"最后，我说道，"她几乎在40年前就开始了，这些年里每天只做那么一点点。因为她每天一点点不停地努力，这个世界就永远地变美丽了。想象一下，如果我很久以前就有一个理想，很早就开始努力，只需要在过去每一天做一点点，那我现在可以达到怎样的一个目标呢？"

凯瑟琳在我身旁看着，笑了："明天就开始吧。当然，最好是从今天开始。"

心灵感悟

对于我们来说，牢牢地把握住从身边溜走的每一分钟都是至关重要的，一分一秒虽然短暂，但积少成多，当这些时间变成一天、一个月、一年时，我们就可以做很多事。所以，请珍惜时间、把握现在吧，如果想做某件一直没有做成的事，就从今天开始吧！

将差的砸烂

雕塑家有一个12岁的儿子。看着父亲每次弄些泥巴就能摆弄出各种各样好看的作品，儿子就要父亲给他做几件玩具，雕塑家从来不答应，只是淡淡地说：你自己为何不动手试试？

儿子决定自己制作玩具。他开始注意父亲的工作，常常站在旁边观看父亲运用各种工具，然后模仿着将这些工具运用于玩具制作。父亲从来不向他讲解什么，随他自己。

一年后，儿子好像初步掌握了一些制作方法，玩具也做得颇有些样

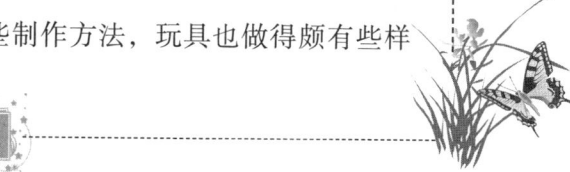

子。这时，父亲偶尔会指点一二。但儿子脾气倔，刻意装着不听父亲的话，我行我素，自得其乐。父亲也不生气。

又一年过去了，儿子的技艺明显提高，可以随心所欲地摆弄出各种人物和动物的形态。儿子常常将自己的"杰作"展示给别人看，引来诸多夸赞。这种时候雕塑家总是淡淡地笑。

有一天，儿子存放在工作室的玩具全都不翼而飞！他十分惊疑！父亲说：昨夜大概有小偷来过。儿子没办法，只得重新制作。

半年后，工作室再次被盗！又半年，工作室又失窃了。儿子有些怀疑是不是父亲在捣鬼——要不怎么从不见父亲为失窃而吃惊、防范呢？

一天夜里，儿子从外边归来，见工作室的灯亮着，便溜到窗边偷看。只见父亲背着手，在雕塑作品前踱步、观看。好一会儿，父亲仿佛下定了决心，一转身，拾起斧子，将自己的大部分作品砸得稀巴烂！接着，他将这些碎泥块堆到一起，放上水重新和成泥巴。儿子疑惑地站在窗外。这时，他又看见父亲走到他的那批小玩具前。只见父亲拿起每件玩具端详片刻，还亲吻一下。

然后，父亲将儿子所有的自制玩具悉数扔到泥堆里搅和起来。当父亲回头的时候，儿子已站在他身后，瞪着愤怒的眼睛望着他。父亲有些羞愧，但仍温和地抚摸儿子的脸，说道："只有砸烂较差的，我们才能创造出更好的。"

多年以后，父亲的雕塑获得了国际大奖，而儿子的小玩具也被一位著名收藏家以高价收买了。

心灵感悟

<u>只有不断超越自己、否定自己，才能创造出更好的东西，从而取得更大的成就。这位父亲显然深谙此道，毁掉较差的，让儿子创造出更好的，儿子最终当然只能成功了。所以，不要留恋自己曾经创造的东西，要时时考问自己还能创造什么，这样你离成功也就不远了。</u>

做一份创意广告

小时候的艾格梦想拥有一部英国造的三速脚踏车，但他手头上那点儿积蓄，离他的目标实在太远。冬日初寒，路面结冰之时，他刚刚清理完炉灰，看见一部车子车轮拼命滚动，想爬上门前的小山。这使他想出了一个主意，在当地报纸刊出一则广告：

"炉灰——圣诞节最佳礼物，赠给雪地驾车的朋友，有意想不到之功用。怀恩城0.15美元一袋，其他地区一袋0.25美元。请电告艾格——2771。"

广告刊出后，存货立即脱手。买主大多是些玩世不恭的人，想找一件新奇的圣诞礼物送亲友。几天后，艾格又刊登广告：

"炉灰——圣诞节使光顾诸君向隅，备感歉疚。现在新货应市。请即购买一袋置于车箱，以备冰天路滑时使用。"

第二天怀恩城大雪纷飞，一直持续了两天。一时间订单如雪片飞来。他将附近街道炉灰尽量搜罗，以免供不应求。此后他在报上刊出如下广告：

"炉灰——现已收到致谢函7封。车子在新年除夕免于被困的7位买主对我颂扬备至。"

广告刊出后，一个家住新辟坡地的16岁少年来电话订购40袋。他说："周围数里之内无一煤炉，谁都无法从家里把车子开过运河。炉灰在这里可以轻易卖到0.5美元一袋。"另一个大主顾，是他的同班同学，此人囤积炉灰，到了大雪天才在城里最陡的山坡下面向驾车者兜售。

此时此刻，艾格和妹妹都已各拥有一辆崭新的英制脚踏车了……

心灵感悟

像艾格这样懂得推销、时时有创意的孩子，早晚会取得一番成就。仅就艾格为拥有一辆脚踏车而去想办法赚钱这一点来说，他不仅迈出了成功的第一步，也提示我们想要得到某样东西，就要积极想办法，努力实践，然后才能取得成功。

牛奶打翻之后

卡耐基的事业刚刚起步时，在密苏里州举办了一个成人教育班，并且陆续在各大城市设立了分部。他花了许多钱在广告宣传上，同时房租、日常办公等开销也很大，尽管收入不少，但过了一段时间之后，他发现自己几乎一分钱都没有赚到。由于财务管理上的疏漏，他的收入竟然仅够支出，一连数月的辛苦劳动竟然没有获得什么回报。

对此，卡耐基十分苦恼，不断地抱怨自己的疏忽大意。他整日里闷闷不乐，神情恍惚，无法将刚开始的事业继续下去，这种状况持续了很长一段时间。

最后卡耐基决定去找他中学时的生理老师乔治·约翰逊。

"不要为打翻的牛奶哭泣。"

聪明人一点就透，老师的这一句话如同醍醐灌顶，卡耐基的苦恼顿时消失，精神也振作起来了。

心灵感悟

如果卡耐基因为一点小小的挫折或暂时的收益不好就放弃事业的话，他就不会有后来的成就。事情在开始的时候，总是会遇到些麻烦，但只要方向是对的，付出了努力，那你离卡耐基也就越来越近了。

没有捕到的鱼

我的叔叔和我们住在一起，他现在独身一人，他是个安静、和蔼的人，非常喜欢打猎和钓鱼。我们小时候最喜欢的就是和他一起去格利特山、布兰蒂·布劳树林、池塘，当然最好是去布鲁克山村。我们非常愿意在玉米地里或干草堆中努力工作，尽早完成白天必要的工作，这样就可以在下午沿着树林或溪边漫步。

现在我还记得第一次去钓鱼的经历，就好像发生在昨天一样。我一生中曾有很多快乐时光，但哪一次也比不上这次钓鱼。我从叔叔手中第一次接过钓鱼竿，和他一起穿过树林和草地。那是初夏的一天，四周安静而甜蜜，树木长长的影子投射在我们经过的小路上。叶子看上去更绿，花朵更明艳，鸟儿更欢快。

我的叔叔经验丰富，他知道哪里是梭鱼出没最多的地方，体贴地帮我选最合适的位置。我学着以前看到过别人钓鱼的样子，扔出鱼线，焦急地等待着鱼儿咬钩，将鱼饵在水面上点来点去，模仿青蛙的跳姿。半天过去了，可是什么东西也没有。"再试试。"叔叔说。突然，鱼饵沉入水里，不见了。现在来了，我想，终于有鱼上钩了。

我用力地拉，拉上来一团水草。我一遍遍用酸痛的手臂抛出鱼线，每次总是什么也没钓到。我恳求地望着叔叔，他说："再试一次，渔夫一定要有耐心。"

突然，有什么东西拽住我的鱼线，将它拖入水中。我用力将线向一边斜拉，看到阳光下一条细小的梭鱼奋力扭动着。"叔叔！"我回转身，激动不已地嚷道，"我钓到一条鱼！""还没有哪！"叔叔说。他话音未落，就听水中"啪啦"一声，我看到笔直的银光一闪，鱼掉回水中，鱼线上的鱼钩空了。我失去了我的奖品。

我们总是爱拿儿时的悲伤与成人的悲伤比较，以显示那时的忧伤是多么微不足道。但是年轻人可不这么想。我们的悲伤受到理智、经验和自尊的克制，保持着适当的礼节，而且如果可能的话，避免难堪的场面。而童年时的忧伤没有理智，占据孩子的整个心灵，释放所有情绪。玩偶的鼻子破了，整个世界也随之破裂；弹球滚丢了，似乎整个地球也随之丢失。所以，我内心充满失望，坐在旁边的草丛上。叔叔告诉我河里还有很多鱼，但是我对叔叔的安慰置之不理。他重新放上一个鱼饵，把鱼竿递回我手里，告诉我再试试。

"但是记住，小伙子，"他微笑着说，"在你把鱼放在干燥的土地上之前，千万别吹嘘你钓到鱼了。我也看到过很多老家伙们这么干，搞得他们自己像傻子似的。事情没做成之前，吹嘘是没用的。而当你做成这件事之后，它本身就说明了一切。"

后来经历的很多事，会让我想起这条我没有钓到的鱼。当我听见人们吹嘘还没有完成的事情并炫耀实际上还没有完成的成就时，我的脑海里就会浮现小河旁的情景，我的叔叔对这件事的机智警言反映了生活中一条普遍真理："在钓到鱼之前，千万别夸耀。"

心灵感悟

我们是不是也常常在事情未做成之前就吹嘘自己如何如何呢？等到事情失败时，却让自己羞得无地自容。

言语和誓言都不是最重要的，它们都是看不见的。但是行动就不一样了，行动是自己和别人都看得见的，最能证明一个人的能力。有些人

很喜欢炫耀，说自己有多厉害，说自己要做一件多伟大的事，但他们从来不落实于行动，最终都不会有人相信他们的话。但另外一些人就不一样了，他们注重行动，不尚空谈，用实实在在的行动和成果赢得了人们的赞赏和尊重。

你要做哪一种人呢？崇尚空谈，还是喜欢用行动来证明一切？

想象可以走多远

有一个孩子在同学中的人缘并不好，因为他经常"说谎"。譬如捡到了一枚怪异的石头，他会对同学们说："这是一枚宝石，可能价值连城。"同学们当然哄堂大笑。可是他并不在意，他时常会对身边的东西发表另外一种看法。久而久之，老师把他的问题反映到了孩子的父亲那里。但父亲没有批评他，只是暗中观察。

有一次，孩子在泥土里捡到了一枚硬币，他神秘兮兮地拿给姐姐说："这是一枚古罗马造的硬币。"姐姐拿过来看，却发现这是十分普通的旧币，只是由于受潮生锈，显得有些古旧罢了。姐姐便把这件事告诉了父亲，希望父亲好好惩罚他，让他改掉那种令人讨厌的"说谎"习惯。可是父亲听了却叫过孩子说："我怎么能责备你呢？你的想象力真伟大。"

对于父亲纵容孩子的行为，许多人都不以为然，认为这势必害了孩子，他长大以后会变成一个满口大话的虚伪的人。但是，谁也没有料到这个孩子长大以后却成了著名的科学家，他的名字叫达尔文。

现在，所有人都知道他的"进化论"就是建立在超乎常人的想象和为此进行的大量实物证明之上的。没有想象，就没有今天的"进化论"。

心灵感悟

小学生们的想象力是人生中很重要的一大部分，他们的想象总是超乎寻常的。他们把怪异的石头想象成宝石，古旧的旧币想象成古罗马硬币。大胆想象和发表看法是应该属于孩子的，也是成为科学家所必不可少的。倘若在这时能够适时地加以引导，也许他们当中也能出现新的"达尔文"呢。

只有五条横街口的距离

25岁的时候，我没少因失业而挨饿。以前在君士坦丁堡、在巴黎、在罗马，都曾品尝过贫穷而挨饿的滋味。然而在这个纽约城，处处充溢着富贵气氛，尤其使我觉得失业的可耻。

我不知道该如何办，因为我能胜任的工作非常有限。我能写文章，但不会用英文写作。白天就在马路上东奔西走，目的倒不是为了锻炼身体，因为这是躲避房东的最好办法。

一天，我在42号街碰见一位金发碧眼的大高个子，立刻认出他是俄国的著名歌唱家夏里宾先生。记得我小时候，常常在莫斯科帝国剧院的门口，排在观众的行列中间，等待好久之后，方能购到一张票子，去欣赏这位先生的艺术。后来我在巴黎当新闻记者，曾经去访问过他。我以为他是不会认识我的，然而他却还记得我的名字。

"很忙吧？"他问我。我含糊回答了他，我想他已一眼看明白了我的境遇。"我的旅馆在第103号街，百老汇路转角，跟我一同走过去，好不好？"他问我。

走过去？其时是中午，我已经走了5小时的马路了。

"但是，夏里宾先生，还要走60条横马路口，路不近呢。"

"胡说，"他岔着说，"只有5条马路口。"

"5条马路口？"我觉得很诧异。

"是的，"他说，"但我不是说到我的旅馆，而是到第6号街的一家射击游艺场。"

这有些答非所问，但我却顺从地跟着他走。一下子就到了射击游艺场的门口，看着两名水兵，好几次都打不中目标，然后我们继续前进。"现在，"夏里宾说，"只有11条横马路了。"我摇摇头。

不多一会儿，走到卡纳奇大戏院，夏里宾说，他要看看那些购买戏票的观众究竟是什么样子。几分钟之后，我们重又前进。

"现在，"夏里宾愉快地说，"现在离中央公园的动物园只有五条横马路口了。里面有一只大猩猩，它的脸，很像我所认识的唱次中音的朋友。

我们去瞻仰那只猩猩。"又走了12条横马路口，已经回到百老汇路，我们在一家小吃店前面停了下来。柜窗里放着一坛咸萝卜。夏里宾奉医生的嘱咐不能吃咸菜，于是他只能隔窗望望。"这东西不坏呢，"他说，"使我想起了我的青年时期。"

我走了许多路，原该筋疲力尽了。可是奇怪得很，今天反而比往常好些。这样忽断忽续地走着，走到夏里宾旅馆的时候，他满意地笑着："并不太远吧？现在让我们来吃中饭。"

在那席满意的午餐之前，我的主角解释给我听，为什么要我走这许多路的理由。"今天的走路，你可以常常记在心里，"这位大音乐家庄严地说，"这是生活艺术的一个教训：你与你的目标之间，无论有怎样遥远的距离，切不要担心。把你的精神常常集中在五条横街口的短短距离，别让遥远的未来使你烦闷。常常注意于未来24小时内使你觉得有趣的小玩意儿。"

屈指到今，已经19年了，夏里宾也已长辞人世。在值得纪念的那一天我们所走过的马路，大都已改变了样子，可是一直到现在，夏里宾的生活哲学，有好多次解决了我的困难。

心灵感悟

"志当存高远"，但不切合实际的理想会让人陷入失落的境地。人的目标是根据自己能力而定的，可以分为若干个小目标，这样才能在不断的自我激励与成功中体味到生活的美好，逐渐达成理想。

人生最好的教育

强高考落榜后就随本家哥去沿海的一个港口城市打工。

那座城市很美，强的眼睛就不够用了。本家哥说，不赖吧？强说，不赖。本家哥说，不赖是不赖，可总归不是自个儿的家，人家瞧不起咱。强说，自个儿瞧得起自个儿就行。

强和本家哥在码头的一个仓库给人家缝补篷布。强很能干，做的活儿精细，看到丢弃的线头碎布也拾起来，留作备用。

那夜暴风雨骤起，强从床上爬起来，冲到雨帘中。本家哥劝不住他，骂他是个憨蛋。

在露天仓垛里，强察看了一垛又一垛，加固被掀动的篷布。待老板驾车过来，他已成了个水人。老板见所储物资丝毫未损，当场要给他加薪，他就说不啦，我只是看看我修补的篷布牢不牢。

老板见他如此诚实，就想把另一个公司交给他，让他当经理。强说，我不行，让文化高的人干吧。老板说我看你行——比文化高的是人身上的那种东西。

强就当了经理。

公司刚开张，需要招聘几个大专以上文化程度的年轻人当业务员，就在报纸上做了广告。本家哥闻讯跑来，说给我弄个美差干干。强说，你不行。本家哥说，看大门也不行吗？强说，不行，你不会把这里当成自个儿的家。本家哥脸涨得紫红，骂道："你真没良心。"强说，把自个儿的事干好才算有良心。

公司进了几个有文凭的年轻人，业务红红火火地开展起来。过了些日子，那几个受过高等教育的年轻人知道了他的底细，心里就起毛说，就凭我们的学历，怎能窝在他手下？强知道了并不恼，说，我们既然在一块儿共事，就把事办好吧。我这个经理的帽儿谁都可以戴，可有价值的并不在这顶帽上……那几个大学生面面相觑，就不吭声了。

一个外商听说这个公司很有发展前途，想洽谈一项合作项目。强的助手说，这可是条大鱼哪，咱得好好接待。强说，对头。

外商来了，是位外籍华人，还带着翻译、秘书一行。

强用英语问，先生，会汉语吗？

那外商一愣，说，会的。强就说，我们用母语谈好吗？

外商就道了一声"OK"。谈完了，强说，我们共进晚餐怎么样？外商迟疑地点了点头。

晚餐很简单，但有特色。所有的盘子都尽了，只剩下两个小笼包子，强对服务小姐说，请把这两个包子装进食品袋里，我带走。虽说这话很自然，他的助手却紧张起来，不住地看那外商。那外商站起，抓住强的手紧紧握着，说，OK，明天我们就签合同！

事成之后，老板设宴款待外商，强和他的助手都去了。

席间，外商轻声问强，你受过什么教育？为什么能做这么好？

强说，我家很穷，父母不识字。可他们对我的教育是从一粒米、一根线开始的。后来我父亲去世，母亲辛辛苦苦地供我上学，她说俺不指望你高人一等，你能做好你自个儿的事就中……

在一旁的老板眼里渗出亮亮的液体。他端起一杯酒，说，我提议敬她老人家一杯——你受过人生最好的教育，把你母亲接来吧！

心灵感悟

从某种意义上说来，我们所处的是一个文凭时代，所以，我们的"高等教育"便蓬蓬勃勃地发展着。不过，这篇作品要向我们强调的，却是另外的一种"高等教育"，而且那是"人生最好的教育"——这就是：我们首先得做一个"能做好你自个儿的事"的人！是的，司玉笙给我们讲述的这个关于"强"的故事，以其鲜活的人物形象和丰富的人生意蕴，事实上便是对包括你、我、他在内的所有人进行真正意义上的"高等教育"的最简明扼要又最生动活泼的好教材。

魔袋

那天上午，厂办秘书肖刚陪同厂办郭主任去省城出差。

肖刚前列腺有毛病，憋不住尿。小车从厂里开上路不出一小时，他就下车小便过两次了。

小车开过大桥，肖刚又想叫停车再下去小解，可他害怕郭主任再说他"就你事儿多"，不得不用夹紧双腿的办法来避免尿湿裤裆。不料就在此时郭主任吩咐把车停下。肖刚以为是郭主任体察下情——让他下去"方便"，其实不是。郭主任对肖刚说："我看见桥东头路旁有一个皮革手袋丢在那儿。你下去拾上来吧。"

终于等到了可以顺便小解的时机，肖刚当即应声下车，跑步来到桥东头，果然见到了路旁的皮革手袋。他拾起来，感到分量很轻；打开拉锁一看，里边啥东西都没有，于是就扔掉了。

紧接着，肖刚就忙中偷闲，把脊背向着小车，在路旁急急慌慌地把早就憋不住了的小便解了。

如释重负的肖刚一边系裤扣，一边看着地上的手袋，暗忖：这手袋是

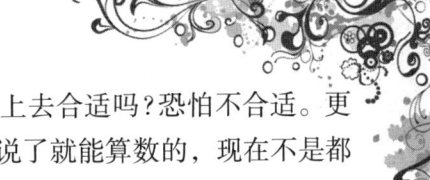

郭主任吩咐我下来拾的，我空着双手回到车上去合适吗？恐怕不合适。更何况手袋里空空如也的事实也不是单凭铁嘴说了就能算数的，现在不是都叫讲实事求是吗？我把手袋拾上车，让郭主任亲自查看查看，岂不更好？

于是肖刚终于决定把手袋拾上车。

一进车门，肖刚就把手袋递到郭主任手中。郭主任打开拉锁，见里边啥都没有，当即就扔出了车窗，并说："既然是空的，你拾上来干啥？"

中午，小车进了省城。郭主任、肖刚和司机一起上饭店进餐。肖刚趁酒菜还未上席的时机去上厕所。回来时，在过道里听到郭主任和司机说话提到他的名字，就闪身躲在屏风后面偷听。

司机说："要是那手袋里装有三五百元钱，咱今天就能上一只红烧寿龟吃吃。可惜手袋是空的。"

郭主任说："你真相信那手袋是空的？你想想，下车拾个手袋，能费那么长的时间？如果真是空的，肖刚能掂量不出来？能不先打开看看？既是空的，还有必要把它拾上车来？他把空手袋拾上来交给我，无异于亲手写下了'此地无银三百两'，我是傻瓜？我会相信'对门王二不曾偷'？他要的是化有为无的魔术。可惜他技艺太差，只能算是魔术小丑而已。我是何许人也？我是魔术大师！我能从他给我看的'无'的假象中找出'有'的证据来！……"

不出半月，借调到厂办只当了两个月秘书的肖刚被免去了职务。当初从哪里来依旧回到哪里去——肖刚回车间干活了。再后来，肖刚下岗了。

有一天，遭到贬弃的肖刚把拾手袋的事对教他从事写作的刘老师讲了。肖刚不无悔恨地说："早知会这样，那天我就该舍财免灾——豁出我衣袋里那四百元钱，提前放入那空手袋里，然后提上车交给郭主任。"

刘老师笑道："区区四百元，杯水车薪而已，无济于事的。你装进袋里四百元，他就相信袋里只有四百元钱——而不认为是四千元、四万元？"

肖刚问："刘老师，你往明里说，我到底错在哪里？"

刘老师说："错就错在你不是郭主任的上级，而是他的下级。如果你是他的上级，当时被叫下车去拾手袋的就是郭主任，而不是你；那手袋里有钱没钱、钱多钱少，就由你说了算。你给他定个'技术级别'——说他是魔术小丑，他就是魔术小丑。因为你是魔术大师了嘛。你说是不是这么个理？——可惜，你不但不是他的上级，而且如今连当他的下级的资格都混丢了……唉，给，抽支烟吧。"

心灵感悟

肖刚拾起了皮革手袋，虽然他因此失去了秘书的工作，但他追求实事求是的精神，却托起了我们明天的希望啊！

有一个起点，只要我们坚持不懈地行走，我们总会得到一份圆满。明天的希望，让我们大家来托起吧！

出色的业务员

那天，为了赶往城外，我在自己住的那栋公寓楼前拦下了一辆出租车。

当我在出租车的后座舒适地坐下之后，那位非常友善的司机开始和我攀谈起来。

"您住的这栋公寓楼可真漂亮！"他说。

"嗯，是的。"我心不在焉。

"我敢打赌，您的储藏室一定很小。"他以一种很有把握的口气说。

听他这么一说，我顿时来了兴趣："你说得不错，它确实很小。"

"那您有没有听说过给储藏室进行重新改装的事？"他问道。

"呃，我听说过。"

"其实，开出租车只是我的业余工作，我真正的工作就是按照客户的要求为他们重新设计改装储藏室，来充分而有效地利用储藏室的空间。"

接着，他问我有没有想过对家里的储藏室进行改装。

"这我倒没想过，"我答道，"不过，我确实希望储藏室的空间能再大一点儿。我听说有一家著名的公司也在做这种生意。"

"哦，您说的是加州储藏室设计改装公司吧，那确实是一家大公司。不过，他们能做的，我也一样能做，而且价钱要便宜得多，"他说，"您可以打电话给加州储藏室设计改装公司，说您需要对储藏室进行改装，他们会派人到您家里进行估价。等他们估好价之后，您要做的就是让他们留一份设计图给您。他们肯定不会同意的。不过，如果您说您需要把设计图给女朋友或妻子看看，以征求她们的意见的话，他们就会给您一份设计图。然后，您打电话给我，我保证可以和他们做的一样，而且，只收您70%的钱。"

"哦,这听起来真是太有趣了。这是我的名片,如果您愿意光临我的办公室的话,我想我们可以好好谈一谈。"

司机接过名片一看,惊讶地突然转动方向盘,差点儿把车开下了公路。

"哦,上帝!"他惊叫道,"您就是尼尔·鲍尔特!加州储藏室设计改装公司的创始人。"

"我曾经在电视上见过您,当初就是因为觉得您的计划和想法非常好,我才做起这一行的。"他一边说一边从后视镜里仔细地打量着我。

"我刚才就应该认出您的,真是对不起,鲍尔特先生,我刚才的意思并不是说你们公司的价格太贵,也不是说……"

"哦,别激动,我很喜欢您的这种风格。您非常聪明,而且还非常有进取心,我很欣赏这一点。"

"您知道乘客都是您最忠实的听众,因为他们不得不听你的宣传。说实在的,这样做需要很大的勇气。为什么不来找我呢?"

不必多说,他肯定到我们公司来工作了,不仅如此,他还成了我们公司最优秀的业务员之一。

心灵感悟

故事有着一个令人愉快的结局,一位聪明进取的司机遇上一位"不拘一格降人才"的老板,因此,有才华的人终于得到属于自己发展的位置和空间,老板也赢得了优秀的人才。

也许很多人都觉得自己怀才不遇,实际上机会只留给那些有准备的人。像那位司机,抓住时机向乘客推销自己的业务,因为"乘客是最忠实的听众,他们不得不听你的宣传"。这种勇敢的推销实际推销的是自己。司机终于遇上了赏识自己的人,改变了自己的工作,改变了自己的前途。所以我们只有"打有准备的仗",幸运才会光临到头上。

那位宽容大度的老板,不但没有责备抢自己公司生意的司机,还发现了司机的优点,赞扬别人的能力,诚恳地邀请司机加入自己的公司,这种把"敌人"转化为"士兵"的宽容气度与聪明策略非常值得我们学习。假如我们也能常常怀有一颗宽容的心,以善良和接纳的眼光看待他人,说不定我们就能从他人的意见中得到更多的收获和成功。

报童

演员艾丹·奎因出演了二十多部影片,包括《心灵的乐声》和《迈克尔·柯林斯》。他第一次打工是做报童。

他11岁时,接替哥哥送报纸。这是一份不错的工作。虽然这意味着每天天一亮就得起床,骑上自行车在伊利诺斯的罗克福德各处投递报纸。准时是非常重要的,人们希望报纸在早晨6点钟的时候就放到门前。如果他晚到了,他们就会站在门口等。

对此他是很明白的。另一方面,工作如果干得好,就会得到可观的小费。这以后,他全身心地投入到自己的工作中,尽可能努力地做好每一份工作——无论是装食品杂货之类,还是给房子刷油漆,以及给屋顶涂沥青。

演戏也没有什么不同,他相信只要努力工作,表现得像职业演员一样,那就会获得成功,就会得到更多、更好的角色。如果一个场景需要他表演跳水,他就会跳许多次,直到能把它演好,导演认为可以入镜为止。几年前,他们在巴西的山里拍电影。他和其他演员一道起劲儿地帮剧组搬运沉重的器材,穿过了崎岖的丛林地带。

心灵感悟

不论做什么事情,必须竭尽全力,这种精神的有无,可以决定一个人日后事业上的成功或失败。只要全身心地投入,工作上厌恶痛苦的感觉就都会消失,凡是不懂得这个秘诀的人,也就是不懂得获取成功与幸福人生的人,最平常的事务只要能投入,就能使之成为神圣高尚的职业。通常,成功的过程有"三入",即下手处的切入,全身心地投入,一步步地深入。每件事情能够做到切入、投入、深入,资质优秀者会做到更优秀,资质较差者也能做到优秀。

向生命鞠躬

早就想带儿子爬一次香山。这和锻炼身体无关，而是想让他尽早知道世界并不仅仅是由电视、高楼以及汽车这些人工的东西构成的。只是这一想法的实现已是儿子两岁半的初冬。

初冬的山上满目萧瑟。仅剩的麦茬已经黄中带黑，本就稀拉的树木因枯叶的飘落更显孤单，黄土地上少了绿色的润泽而了无生气。置身在这空旷寂寥的山上，更多感受到的是一种原始的静谧和苍凉。

因此，当儿子发现了一只蚂蚱并惊恐地指给我看时，我也感到十分惊讶。我想这绝对是这山上至今还倔强活着的蚂蚱了。我蹑手蹑脚地靠近去。它发现有人，蹦了一下，但显然已很衰老或孱弱，才蹦出去不到一米。我张开双手，迅疾扑过去将它罩住，然后将手指裂开一条缝，捏着它的翅膀将它活捉了。这只周身呈土褐色的蚂蚱因惊惧和愤怒而拼命挣扎，两条后腿有力地蹬着。我觉得就这样交给儿子，会被它挣脱，于是拔了一根干草，将细而光的草秆从它身体的末端捅出，再从它的嘴里捅出——小时候我们抓蚂蚱，为防止其逃跑，都是这样做的，有时一根草秆上要穿六七只蚂蚱。蚂蚱的嘴里滴出淡绿的液体，它用前腿摸刮着，那是它的血。

我将蚂蚱交给儿子，并告诉他："这叫蚂蚱，专吃庄稼的，是害虫。"儿子似懂非懂地点点头，握住草秆，将蚂蚱盯视了半天，然后又继续低头用树枝专心致志地刨土。儿子还没有益虫、害虫的概念，在他眼里一切都是新的，或许他在指望从土里刨出点儿什么东西来。我点着烟，眺望远景。

"跑了！跑了！"儿子忽然急切地叫起来。我扭头看见儿子只握着一根光秃秃的草秆，上面的蚂蚱已不翼而飞。我连忙跟儿子四处找。其实，蚂蚱并未逃出多远，它已受到重创在地上艰难地爬，间或无力地跳一下，因此，我未找几步就轻易地发现了它，再一次将它生擒。我将蚂蚱重又穿回草秆，所不同的是，当儿子又开始兴致勃勃地刨时，我并没有离开，而是蹲在儿子旁边注视着蚂蚱。我要看看这五脏六腑都被穿的小玩意儿究竟用何种方法才能逃跑！

儿子手里握着的草秆不经意间碰到了旁边的一丛枯草。蚂蚱迅速将一根草茎抱住。随着儿子手抬高，那穿着蚂蚱的草秆渐成弓形，可是蚂蚱死死地抱住。难以想象，这如此孱弱的受着重创的蚂蚱竟还有这么大的力量！儿子的手稍一松懈，它就开始艰难地顺着草茎往上爬。它每爬行一毫米，都要停下来歇一歇，或许是缓解一下身体里的巨大疼痛。穿出它嘴的草秆在一点儿一点儿缩短，退出它身体的草秆已被它的血染得微绿。

我大张着嘴，看得出了神。我的心被悲壮的蚂蚱所强烈震撼。它所忍受的疼痛我们人类不可能忍受，它的壮举在人世间也不可能发生。我相信自己正在目睹一个奇迹，我想并非所有人都有幸目睹这生命的奇迹。等蚂蚱终于将草秆从身体里完全退出后，反而腿一松，从所抱的草茎上滚落到地上。它一定是精疲力竭了。生命所赋予它的最后一点儿力量，就是让它挣脱束缚，获得自由，然后无疑它将慢慢死去。

儿子手里握着的草秆再也没有动。我抬眼一看，原来他早已如我一样，呆呆地盯着蚂蚱的一举一动，并为之震惊。

我慢慢站起来，随即向前微微弯腰。儿子以为我又要抓蚂蚱连忙喊："别，别，别动它！它太厉害！"我明白儿子的意思。他其实是在说："它太顽强了！"儿子大概永远也不会明白我弯腰的意思。我几乎是在下意识地鞠躬，向一个生命、一个顽强的生命鞠躬。

心灵感悟

即使小到蚂蚱，也有其生命的尊严，也在努力地活着。正是基于这一点。作为读者的我们，都会不由自主地向这只备受摧残而顽强挣扎的小小动物投去充满敬意的一瞥。

斯蒂芬·金的成功秘诀

在美国，有一个人在一年之中的每一天里，都几乎做着同一件事：天刚刚放亮，他就伏在打字机前，开始一天的写作。这个男人的名字叫斯蒂芬·金，是国际上著名的恐怖小说大师。

斯蒂芬·金的经历十分坎坷，他曾经穷困潦倒得连电话费都交不起，电话公司因此而掐断了他的电话线。后来，他成了世界上著名的恐怖小说大师，整天约稿不断，常常是一部小说还在他的大脑之中储存着，出版社高额的订金就支付给了他。如今，他算是世界级的大富翁了。可是，他的每一天，仍然是在勤奋的创作之中度过的。

斯蒂芬·金成功的秘诀很简单，只有两个字：勤奋。一年之中，他只有三天的时间是例外的，不写作。这三天是：生日、圣诞节、美国独立日。勤奋给他带来的好处是：永不枯竭的灵感。学术大师季羡林老先生曾经说过："勤奋出灵感。"缪斯女神对那些勤奋的人总是格外青睐的，她会源源不断地给这些人送去灵感。

心灵感悟

认真地读完斯蒂芬成功的故事，它让我知道了要获得成功，就要付出辛勤的汗水，没有人可以随随便便成功，天上是不会掉下馅儿饼的。我们每一个人从小就应该养成一个良好的习惯，不做懒惰的孩子，要知道"勤奋出真知"这个道理。

一个著名作家的父亲在作家上小学的时候，每天都会问："孩子，今天你做了些什么？"从此之后，这个作家便养成了每天都要有所学、有所收获的好习惯，这个好的习惯影响了他的一生，最后他成为了世界著名的作家。这个故事和斯蒂芬的故事一样，都告诉了我们成功来自勤奋。

如果你要让自己的生活过得充实而有意义，那么，就让我们从今天起，用自己辛勤的汗水去浇灌花朵，让它结出成功的果实吧。

给人一盏灯

那年秋天，我踩着纷飞的落叶在秋风中告别了母亲，第一次住进了离家30里外的重点高中的学生宿舍。也许是竞争过于激烈，也许是课业过于繁忙，同学之间的关系，都是白水般的淡漠，即使是一个宿舍的。也只是在吃饭时、睡觉前多一些话题，把大家稍微团结起来的，是一系列颇有悬念的事件：丢东西。

初时，只听见有人嚷丢袜子，我们都以为她记性不好，笑笑就当耳旁风过去了，接着，就有人几毛几毛地丢钱，数目极其琐屑，也就没怎么放在心上。然而，太多的偶然发生了几星期后，终于引起了大家的怀疑：莫非有家贼？嘀咕了几回，丢过东西的人开始联合起来寻找嫌疑人员。说来也怪，全宿舍15人，没丢过东西的，竟只有一个我。

14双目光，不约而同聚焦般齐刷刷指向了我。我惊诧莫名，却又欲辩无口，心中的无愧随着被冤屈的愤怒喷薄而出，我大吼了一句："就算我是个叫花子，也不至于没脸到拾你们那点儿鸡毛蒜皮！"

刘丽翻着白眼瞟了我一下，鄙夷地说了一句"就怕有人稀罕的是鸡毛蒜皮"，便以她一贯带点儿清高的傲气转身出去了。其余人也害怕我身上的污点玷污了她们的清白似的，一个个傲然地走出去，还不忘临别赠给我一个冷眼。只有谢然，双脚跨向门口又踌躇地退回，犹豫了片刻，她轻轻地说："你不用伤心，解释开了，就没事了。"她原来竟也是不信任我的！我又痛又怨又怒又委屈，不由对着一脸善意的谢然从齿缝里挤出一个字："滚！"

她看着我，终于尴尬地离开了。室内空空，只有我一个人。窗外的风吹着窗棂"格格"作响，夜色袭来，一片幽暗，我扑在床上，失声痛哭。那晚，我没去上晚自习，在室内静静地流泪，直到熄灯时分。我暗下决心：一定要找到那个嫁祸于我的人。

然而，大家防的却是我。吃饭时，见我进来，她们便出去；谈话时，有我在总会戛然而止。只有谢然，依然以一颗平常的心待我。我以为她是猫哭耗子假慈悲，断然地排斥着她。我傲然地对自己说：身正不怕影子斜，让她们去说吧！

但她们对我的怨恨却逐日增加，因为她们无论怎么防我，都不能阻止某些钱物的不翼而飞。

她们很想找到什么证据把我作为贼交给学校，可惜她们总没有人赃俱获的机会！

这个机会是被我寻找到的。那天上物理课，我因为肚子疼，便请假回了宿舍。

走过窗口时，我听到室内的响动。我立即警觉，悄悄走至门口，看到门锁正"嘟着嘴"，挂在那儿。我本想扑进去来个孤胆英雄只身擒贼，却终因惧怕着自己的身份不清而无奈地把锁的"嘴巴"轻轻合上。"瓮中捉鳖"吧，我想着，直接去叫了班主任。

没想到，贼胆几经磨炼竟然"包了天"，门内居然连插销都没上。我们推门而入的那一瞬，贼正趴在谢然的床上，手里是谢然的钱包，半开着的。我是后来才知道谢然是为了表示对我的信任而把钱包留在宿舍的,她倒是真的善良。

　　我目瞪口呆地站着,空气像冰一样地凝固了。许久,她才梦呓似的说:"我10岁那年,父亲去世了,母亲靠着几亩薄田,拉扯着我和弟弟。我考上了重点高中,可是不想上,可母亲逼着我上,她每天五更起来,捡破烂给我凑学费和生活费,不久就染了一身的病……"刘丽的泪冲刷着她苍白面颊。

　　班主任看着我,慢慢地说:"我们给她一次改过的机会吧!"

　　我沉默着,转身离开了宿舍。我知道,这件事告到学校,至少记过一次,且通报批评。那种人情之冷我是尝过的。可是,我呢?就这样白白地替人顶过?

　　我思索着,犹豫着。然而,刘丽却是真的很有股傲气,她在我决定原谅她时悄然离开了。那天早自习下课时,大家不约而同地发现:刘丽已人去铺空。谢然站在我身边,慢慢地讲述了一个故事:一个瞎子,在晚上走路时总是提着一盏灯,路人笑他,他却严肃地说:"给别人照亮了路,别人不会撞我,我岂不就有了路吗!?"

　　我很后悔自己没有及时地原谅她,但又自问没有做错什么。于是,我有些气愤地对谢然说:"你看好了,我可不是个瞎子。"

　　但我却从此和谢然成了朋友。因为,不知道为什么,大家虽然明白了我的清白。却始终对我冷冷淡淡。谢然对我说:"大家也许会以为你是一个睚眦必报的人,你其实本该给刘丽一次机会的,给人一盏灯,照亮的是两个人。"我苦笑着问:"那你对我的看法呢?"谢然笑言:"你即使是个小偷,我也如常待你。"

　　我有些感动,却没怎么信她,直到高三。离高考还有两个月,学校有一个保送重点大学的名额。预选的结果,是在我和谢然中选一个,而她的成绩却是高于我的。我自知不是对手,却又实在禁不住直跃龙门的诱惑。思索再三,我有了一个让我惭愧的想法。

　　谢然有一个青梅竹马的男朋友,虽已入大学,但仍鱼雁传情,且他们的父母,也早就心照不宣。这在班上,本是个公开的秘密。

　　我用匿名的形式,把这个秘密"捅"给了校长。

　　谢然终于被取消了保送的资格。我又忧又惭,但是谢然却一如既往,满脸阳光地对我。我忙时,她还帮我打饭;遇难题时,她仍帮我解决。我便以为她也许不知情，心中的石头也落了地。

但我终于还是沉痛地流了一次泪。那天，晚饭后我腹疼如刀割。谢然焦灼地看着我，最后一咬牙。命令道："快，我背你去医院。"

我无奈地依从了。从宿舍到校医院并不远，只有300米左右，但瘦弱的她背着沉重的我仍是举步维艰，走到一半时，她已有些歪歪扭扭，但她仍然坚持着。我感到了身体的颤动，汗水顺着她的发根流淌。我咬着牙，肉体的疼痛终于敌不住心中的伤痛，我哭了，泪如泉涌。

我得的是阑尾炎，需要动手术。那晚，谢然在我身边守了一夜，她是带着鼓励的微笑看着我睡去的。

醒来时，我看到的是她憔悴的双眼，她轻轻地说："以后，你再也不会肚子疼了。"我忍不住放声大哭，我哽咽着说："可是，我对不起你，你知道吗，那个保送名额……"她轻轻捂住我的嘴，泪水悄悄流在笑窝上。她说："我知道，我本来是要让给你的，因为你有太多不得不要的理由。我只是在等你这句话。我等到了，你也不会再这么傻了，不是吗？我曾经给你讲过一个故事：一个盲人，在夜间行走时也提着一盏灯，路人笑他，他却说：'给别人照亮了路，别人就不会撞我，我岂不就有了路吗？'给人一盏灯，照亮的是两个人呀！"我感动地望着她。泪光盈然中，我忽然明白了这个故事的真谛。那年我没给刘丽一盏灯，和她今天给我的一盏灯，结果是多么不同呀！前者是宽己，后者是恕人，其间的距离，又有几人能够体味？给人一盏灯，照亮的又何止两个人？

心灵感悟

给人一盏宽容的灯，得到的永远要比失去的有意义得多。

最大的幸福

父亲原本在单位里是主管销售的副厂长，那一年，父亲押车去省城送货，回来的路上一伙劫匪把父亲和司机打晕后抢走了所有的钱。父亲先是被查出了脑震荡，后来，又查出神经系统出了毛病，每隔一段时间便神志不清，疯疯癫癫的。

父亲犯病的样子很恐怖：瞪着眼睛，头上青筋暴突，大喊大叫，嘴里骂骂咧咧的，逮着什么摔什么，抓着谁就打谁，有时是母亲，有时是我，有时哪怕是他最孝敬的奶奶，父亲打时，也毫不手软。

8岁那年夏天，母亲去上班了，我和妹妹在院子里玩玻璃球，奶奶坐在我们旁边择豆角。坐在台阶上看书的父亲，看着看着，突然"嘿嘿"地笑了两声，接着便狠狠地撕扯着手里的书，奶奶知道父亲又犯病了，扔下手中的菜篓，一边喊我快带妹妹进屋，一边去锁院门。

父亲站起来往院外跑，被奶奶一把抓住，父亲狠狠地将奶奶摔在地上，奶奶抱住父亲的腿不肯松手，父亲就用另一只脚去踢奶奶。

看着奶奶被父亲暴打，我真想把他一棍子打倒，可是奶奶有交代，父亲犯病的时候不许我打他。

等母亲回来时，奶奶已被父亲打得嘴角淌血了。母亲找来附近诊所的医生给父亲打了安定，在药力的作用下，父亲这才沉沉地睡去。

安排好父亲，母亲给奶奶洗了脸，扶奶奶躺在床上。奶奶叮嘱等父亲醒来后，就说奶奶头上的伤是不小心在台阶上摔的，谁也不许说是父亲打的。

那天，正好赶上父亲单位的领导前来慰问，从门缝外把院子里发生的一切看了个满眼。事后，工会主席找到奶奶，说单位愿意出钱送父亲去医院疗养。

我问奶奶："为什么有人出钱给父亲看病，你还不同意呢？"奶奶看了看我，神情凝重地说："浩儿，你不知道，他们说的是疯人院，那儿关的都是疯子，把你父亲送到那儿，也会被关起来，那样，你父亲的病只能越来越重，永远也好不了。"

奶奶说着，把我拉到她怀里，一字一句地说："浩儿，答应奶奶，将来奶奶没了，你不要把你父亲送去疯人院，他再疯也是你父亲，穷也好病也好，只要一家人能在一起，就是幸福。"

我看到泪从奶奶干瘪的眼里汩汩地涌了出来。

初二那年夏日的一天，晚上放了学，我刚出校门，被隔壁的刘建豪拉到一边，告诉我张悦在十四中被人打了，要我找几个人替张悦报仇去。我二话没说，喊上几个人来到了十四中。

二十几个人打成一团，直到警笛声从远处传来，大家才住了手，四散逃奔。

不知从哪儿溅的，我的身上、脸上到处都是血。

走在回家的路上，我的心里七上八下的。我自觉大祸临头，一进家门便知趣地跪在院子里的枣树下。父亲知道后，一句话不说，先把家人都关在屋子里，然后雨点般的拳头就落在我身上。

父亲越打越生气，一把抄起了旁边的小铁锹，见父亲动真格的了，倔强的我趴在地上抱头大喊："打吧，干脆打死我算了！"

"砰"的一声，我感到浑身冰凉。父亲涨红了脸，声音颤抖："我这辈子从来不打人，这顿打是你自找的，一家人辛辛苦苦地供你去上学，你却去打架，你离当流氓不远了。"我不甘示弱，气呼呼地反驳道："我当流氓怎么了，我当流氓只打外人，不像你，连家里人都打！"

"叫你胡说，我什么时候打家里人来着？"父亲下手更重了。"你犯起病来啥事不做？你打我，打妈妈，打奶奶，奶奶脑袋上的那块皮一直不长头发，不是你扯掉的又是谁？"我歇斯底里。

父亲忽然住了手，愣了好一会儿，才跌跌撞撞地往屋里走。

外面发生的事奶奶听了个清清楚楚，她拼命用手护着头，不让父亲看，父亲发疯似的一只手抓住奶奶的手，另一只手拨开了奶奶的头皮，一块铜钱大小的白光光的头皮赫然入目：几年前父亲犯病时，扯掉了奶奶的一缕头发。

父亲瞅着奶奶头上的疤，良久，猛地一拳砸在墙上，沉闷地重复着一句："怎么会这样？"然后，脑袋使劲地撞着墙。

当知道了自己犯病时的情形后，父亲开始手把手地教我给他注射安定。说来也怪，从那之后，父亲的病竟然不发作了，倒是健康状况每况愈下。几年后，奶奶已经迷糊了。

因为我和妹妹已相继在外地成了家，回家时，我和父亲商量，让他把奶奶送到养老院去，父亲虽然这十来年没再犯过病，但去年查出了慢性肝硬化，我怕他和母亲会累坏了身体。

父亲沉默了良久，抬起头时眼里噙满了泪："浩儿，爹求你个事，要是爹再犯了病或是哪天爹没有了，别送奶奶去养老院，把奶奶接你那儿去，行么？你奶奶现在瘫了，也傻了，可她终归是你的奶奶，穷也好病也好，只要一家人能在一起，就是幸福。"

我无语，使劲点了点头：20年前，当有人建议把父亲送进疯人院时，奶奶也说过同样的话。

这一刻，我终于明白了一件事：我们是亲人，无论贫穷、灾难、疾病

或衰老，都改变不了我们血脉相连的事实，只要我们都还活着，只要全家人能生活在一起，那便是人生最大的幸福。

心灵感悟

只要我们都还活着，只要全家人能生活在一起，那便是人生最大的幸福。

请带着掌声上路

5岁的亭亭要随爸爸去外地看望爷爷奶奶，临行前，细心的妈妈为他们准备行装，就连亭亭平时吃饭爱用的小勺都被周到至微地装进了行囊。亭亭一一开包检查，竟说还有东西没带上。还有什么呢？妈妈里里外外全方位地扫描，该带的全带上了，没有遗漏！亭亭说不，还有市少年儿童美术作品获奖证书没带！获奖证书里凝结着礼赞成功的掌声，亭亭坚持要带着掌声上路！

带着掌声上路，这是稚嫩孩童的本能愿望。可是，岁月却在不觉中磨蚀着这种美好的本能。我们长大了，我们成人了，走过每一天的二十四个站牌，走过每一年的三百六十五里路程，我们有时偏偏遗忘了一件事——带着掌声上路。

在波澜起伏的人生之路上，挑剔、责备、嘲讽和诋毁等往往不约而至、不请自来。挑剔啄食我们的信心，没有信心的承载，我们或许会溃不成军；责备鲸吞我们的激情，没有激情的释放，我们或许会一事无成；嘲讽撕扯我们的干劲，没有干劲的鼓动，我们或许会枉度光阴；诋毁摧残我们的心志，没有心志的牵引，我们或许会碌碌无为。

带着掌声上路，掌声将抚平挑剔的尖刻，稀释责备的浓度，回击嘲讽的泡沫，打退诋毁的喧嚣！带着掌声上路，我们会觉得：我们其实不错，我们真的挺棒，我们还会做得更好！因为阵阵掌声回馈给我们几许自豪、几度华彩、几番风骨、几多傲然！

然而，有时可能会出现一种遗憾：我们没能得到来自外界的任何掌声，一星半点也没有，身外的精彩世界好像把我们彻底淡忘了。纵然如此，我们可以自己给自己鼓掌，为什么不呢？无论是源于自己抑或是出自他人，掌声都是对成绩的肯定和共鸣。带着自己的掌声上路，我们同样可以意气风发！

曾经听朋友说，他一无是处，想给自己掌声都找不到理由。真的是这样吗？

看看丝毫不起眼的小草吧，它们没有花香，没有树高，但小草还是赢得了人们的偏爱和掌声。因为碧绿，因为柔软，它们铺就了都市的街景，铺就了足球巨星的风采。"离离原上草，一岁一枯荣。野火烧不尽，春风吹又生。"这是古代诗人对小草的顽强不息报以的热烈掌声并回响至今。似乎一无是处、完全默默无闻的小草多么善于展露自己的闪光点呀！所以，来自东西南北、穿越古今中外的掌声为它们响起。

心灵感悟

带着掌声上路，这是亭亭一个本能的愿望，多么天真、淳朴啊！每一个孩子的内心都有着对美好事物的向往，鼓励和赞扬会使他们在人生路上多一分自信，还有几许自豪。

带着掌声上路，阵阵掌声会让他们忘记难过，忘记自卑。他们会觉得，其实自己是挺棒的。掌声是他人和自己对自己取得的成绩的肯定，无论我们多么渺小，都应给予自己以掌声。小草，没有花香，没有树高，却得到大家的认可，赞扬它们的生命顽强不息。带着掌声上路，把掌声送给自己和别人。掌声将令我们周围充满着生机，让我们的内心充满着美好的愿望。

朋友！请带着掌声上路吧！

拒绝感动

妻子被言情剧感动得直流泪，边抽泣边对王五说："患难与共、不离不弃，这样的爱情太让人感动了。瞧瞧我们，就是一对普通的柴米夫妻，从来没有过轰轰烈烈,自己都感动不了,更别提感动别人了。"

王五说:"想感动别人还不容易吗?赶明儿让我遇上场车祸,撞得腿断胳膊折的,不,应该再严重点,干脆撞成植物人算了,然后你就天天对着我又哭又唱,像电视上演的一样用真情将我唤醒。这样,除了铁石心肠之人,大家都该被你感动了吧。"

"你这不是抬杠吗?"妻子生气地说,"我的意思是我喜欢被感动的感觉。在乏味的生活中,能流泪也是一种享受,总比老是过着不咸不淡的日子强。"

王五反驳道:"不咸不淡已经很不错了,虽然不能让你感动,可我觉得心里踏实。你要是感动上瘾,我倒真该提心吊胆了——家里不整出点儿翻天覆地的事来,你怎么能轻易找到感动的素材啊。"

心灵感悟

庄子说过:"相濡以沫,不如相忘于江湖。"就是说,好好活着是正理,虽然舍弃了一时的柔情,却保存了完整的生命。你想,命都快没了,那点感动还顶什么用?

攥紧拳松开手

有个人的妻子相当"葛朗台",吝啬贪财,对他人一毛不拔,对穷人一财不舍,自己不舍得吃不舍得穿过得像个苦行僧,明明钱不少,却处处表现都跟穷人似的。

客人到家来:连杯茶都舍不得给沏;她的丈夫实在无法忍受,便请了一位叫默仙的禅师去开导他的妻子。默仙禅师来到信徒的家里,见到这位信徒的妻子,自然也没有受到一杯茶的礼遇,于是,他便把手握成一个拳头,并问她:你看我的手,天天这样,你以为如何?这位妻子说:天天这样,只知道握紧,不知道张开,大概有毛病。默仙禅师张开手拳,又问:假如天天这样呢?这位妻子答道:天天这样,只知道张开,不知道合上,也有毛病。默仙禅师说:只知贪取,不懂布施,是病;只晓得散金,不懂得聚富,也是病。生活中有许多人，尤其是有一些上了岁数的老年人，也许是年轻时穷怕了，有着一种无法摆脱、挥之不去的危机意识，就知道一门心思地挣钱攒钱，不懂得钱最主要的功能是流通，拥有钱后最美妙的状态是花出去，结果，太多的钱弄得心里挺沉重，为钱所累，成了钱的奴隶。而生活中另有一些人，很多是岁数不大的年轻人，生活在富足年代，没经历过什么艰难困苦，从不把钱当好东西，崇尚能挣会花，挣一个敢花两；从不想财富要有一些积累，钱运用好了还可以生钱，只知花用不知储蓄，永远是一个过路财神。

心灵感悟

因为一个人生命的质量、生命的环境、生命的长短诸如此类的因素变数太多，所以，谁也无法说出人的一双手张张合合的正确频率，谁也无法用一个公式计算出怎样才能在你的生命行将结束之时，把属于你的那部分财富刚好施舍掉，消费光。有钱在自己的掌控中无疑是安心的，自己亲手把钱用做善款或者恰如其分地花出去肯定是舒服的。手的张张合合，钱的进进出出，应以舒服为度。

美酒谁饮

从前有个富翁，他对自己窖藏的葡萄酒非常自豪。窖里保留着一坛只有他知道的、某种场合才能喝的陈酒。

一天，州府的总督登门拜访。富翁提醒自己："这坛酒不能仅仅为一个总督启封。"

有一天地区主教来看他，他自忖道："不，不能开启那坛酒，主教不懂这种酒的价值，酒香也飘不进他的鼻孔。"后来王子来访，和他共进晚餐，但他想："区区一个王子，喝这种酒过分奢侈了。"甚至在他儿子结婚那天，他还对自己说："不行，接待这种客人，不能抬出这坛酒。"许多年后，富翁死了，像花的种子一样被埋进了地里。下葬那天，陈酒坛和其他酒坛一起被搬了出来，左邻右舍的农民把酒通通喝光了。谁也不知道这坛陈年老

酒的久远历史。

对他们来说，所有倒进酒杯里的仅仅是酒而已。

心灵感悟

分享是快乐的，生活中需要与人为乐，共同快乐才是真的乐。

让思维转一个弯

一百多年前，芝加哥博览会展出了一个人发明的"拉链"。但这个发明没有引起一丝反响，尽管那个发明家大费口舌宣称这种拉链可以代替鞋带，解决系鞋带的麻烦，可以给人们生活带来无穷乐趣，但拉链仍不可避免被众人弃之若屣的命运。

除了一个人，他的名字叫沃卡。他当时产生兴趣仅仅因为他对那个发明家的同情。他想，这个人真傻，只知道大肆宣传，为什么不让思维再转动一下，让拉链真正代替鞋带，走进人们的生活，让每个人从实用中得到乐趣。

于是一个大胆的计划应运而生。

他花了1美元买下了那个被冷落的拉链。他决定先制造一台生产拉链的机器，他开始精心研究拉链的结构及制作原理。研究中，他越来越觉得这项发明一定会走俏世界，成为人们生活密不可分的伙伴。这样一晃就是19年，有人嘲笑他死脑筋，不知道转弯，宁愿一棵树上吊死。19年后，大批拉链面世了。

他与厂家合作，将精致的拉链安装在鞋上推向市场。但结果却出人意料，大批成品鞋在仓库里堆积如山。这当头一棒几乎将沃卡击倒，一度深居简出，郁郁寡欢。

几天后，痴心不改的沃卡又重整旗鼓。他知道，首先让思维转一个弯的做法无懈可击，但还必须再转一个大弯才可能转败为胜。他想，拉链的制造既然是为了给人们带来方便，为什么只围着一双鞋想问题。

于是，他又尝试着把拉链加工到钱包、军服上。很快，拉链打开了市场，风靡全球。

没有人知道，沃卡通过一个小小的拉链最终获得了多少财富。但许多人都知道，当初，他买下那个拉链，仅仅用了1美元。

1美元，很小很小，却没有人敢忽视它，因为正是这1美元改变了沃卡的一生。那个发明家至死也不会知道，他曾经创造了一项多么伟大的发明。而要让这个发明成为发家致富的金钥匙，却只需让思维转一个弯。

心灵感悟

有时候，贫穷与富裕没有太大的差别。1美元谁都有，而能让思维转一个弯的人却不多见——也许这正是贫穷与富有的真正差距。

经验

有一年，一个登山队要攀登一座雪峰，想把足迹留在峰顶上。于是，这个登山队开始了登山前的准备。食物、药品及其他登山器材都备齐了，这时，有一位专家提醒说，别忘了多带几根钢针，因为在高寒的雪山上面，燃气炉的喷嘴极易堵塞，需要用钢针疏通。一位老登山员负责携带钢针，但是，他没有听从专家的忠告，只带了一根。因为凭着自己的经验，他认为有一根钢针已经足够了。

遗憾的是，这支登山队最终没能把脚印留在山顶上，登山队员一个也没有回来。问题就出在钢针上。那根钢针在使用时，不慎崩断了，由于仅仅带了一根钢针。燃气炉无法使用，队员们断了饮食，最后全部陷入了绝境。

对人生而言，经验确实是一笔财富。在许多事情上，我们失败的原因常常只有两种：一种是因为经验不足，而另一种则是因为经验过多。

心灵感悟

拥有经验而又懂得如何利用经验的人，才是真正的智者。

无须解释

20世纪60年代初,美国有位大学校长竞选州议会议员。此人资历很高,又精明能干、博学多才,看起来胜算极大。但是,选举期间有个谣言散布开来:这位校长曾跟一位年轻女教师有那么一点"暧昧"关系。由于按捺不住对恶毒谣言的怒火,这位候选人在每次集会中,都要极力澄清事实。其实,大部分选民根本没有听说过这件事。但是,现在人们却越来越相信有那么一回事。

公众们振振有词地反问:"如果他真是无辜的,为什么要百般狡辩呢?"最悲哀的是,连他的太太也开始转而相信谣言,夫妻关系破坏殆尽。最后,他失败了,从此一蹶不振。屏幕硬汉施瓦辛格竞选州长时,也面对了各种刁难和中伤,可他对此根本不去理会,也不去应答那些无聊的责难。这反而更增加了他在选民中的人格魅力,赢得了更多的信赖和支持,并最终获得了胜利。

心灵感悟

身正不怕影子歪,不做亏心事,不怕鬼敲门。这些俗语反映了一个道理:不要被影响你前进的绊脚石牵绊。坚定自己的意志,认准自己的方向,勇敢向前才是正确的选择。

一系列的连锁目标

四十多年前,一个十多岁的穷小子,自小生长在贫民窟里,身体非常瘦弱,却在日记里写下立志长大后要做美国总统。但如何能实现这样宏伟的抱负呢?年纪轻轻的他,经过几天几夜的思索,拟定了这样一系列的连锁目标:

做美国总统首先要做美国州长;要竞选州长必须得到雄厚的财力后盾

的支持；要获得财团的支持就一定得融入财团；要融入财团就最好娶一位豪门千金；要娶一位豪门千金必须成为名人；成为名人的快速方法就是做电影明星；做电影明星前得练好身体，练出阳刚之气。

按照这样的思路，他开始步步为营。某日，当他看到著名的体操运动主席库尔后，他相信练健美是强身健体的好点子，因而萌生了练健美的兴趣。他开始刻苦而持之以恒地练习健美，他渴望成为世界上最结实的壮汉。3年后，借着发达的肌肉，一身似雕塑的体魄，他开始成为健美先生。

在以后的几年中，他囊括了欧洲、世界、全球、奥林匹克的健美先生。在22岁时，他踏入了美国好莱坞。在好莱坞，他花费了10年，利用在体育方面的成就，而一心去表现坚强不屈、百折不挠的硬汉形象。终于，他在演艺界，声名鹊起。当他的电影事业如日中天时，女友的家庭在他们相恋9年后，也终于接纳了这位"黑脸庄稼人"。他的女友就是赫赫有名的肯尼迪总统的侄女。

婚姻生活恩爱地过去了十几个春秋。他与太太生育了四个孩子，建立了一个"五好"的典型家庭。2003年，年逾57岁的他，告老退出了影坛，转为从政，成功地竞选成为美国加州州长。

他就是阿诺德·施瓦辛格。

心灵感悟

施瓦辛格的传奇经历令人热血沸腾，只要想得到，就能做得到。敢想敢为，才能大有作为；说到做到，才能无愧于心。